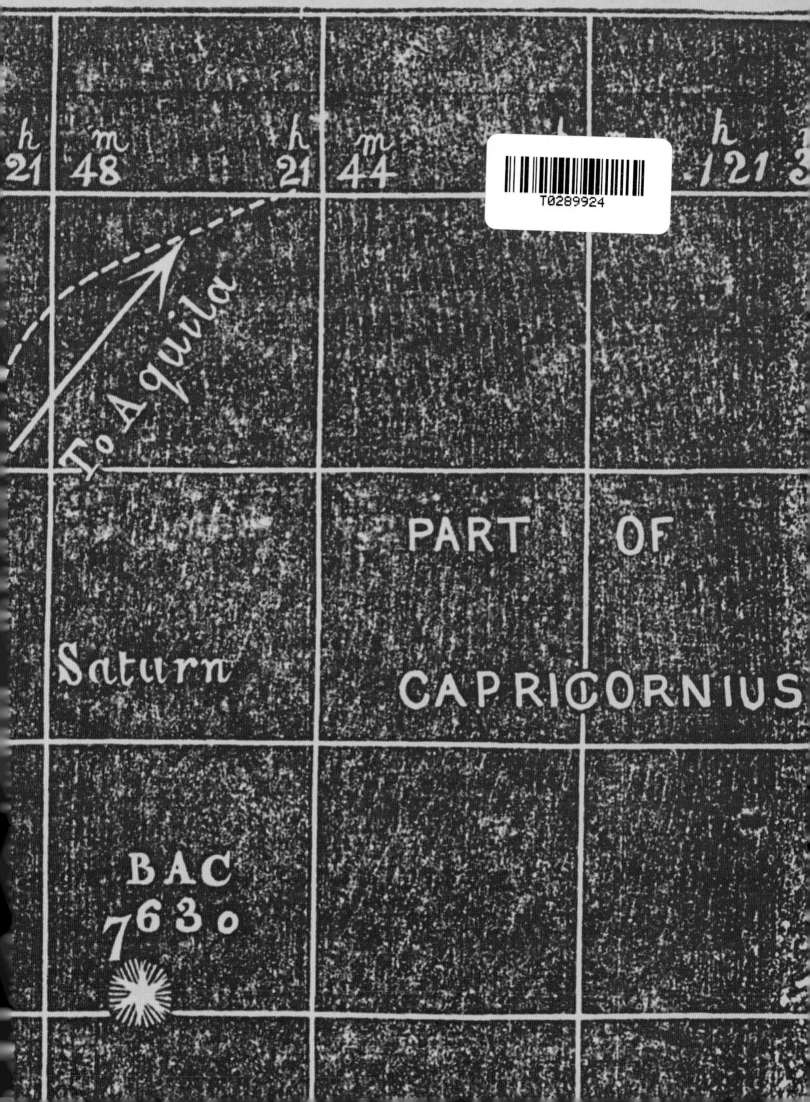

IOO
DESCUBRIMIENTOS
QUE CAMBIARON LA HISTORIA
QUIÉN HIZO QUÉ Y CUÁNDO

© 2020, Editorial LIBSA
C/ San Rafael, 4 bis, local 18
28108 Alcobendas. Madrid
Tel. (34) 91 657 25 80
e-mail: libsa@libsa.es
www.libsa.es

ISBN: 978-84-662-4028-4

Derechos exclusivos de edición para todos los países de habla española.

Traducción y edición: Alberto Jiménez García

Título original: *Astronomy. An Illustrated History of the Universe*

© MMXIX, Shelter Harbor Press. Todos los derechos reservados

DL: M-9241-2020

CRÉDITOS FOTOGRÁFICOS

ASTRONOMÍA

UNA HISTORIA ILUSTRADA DEL UNIVERSO

Tom Jackson

LIBSA

Contenido

Portada interior: esta imagen del cielo tomada por el orbitador Explorador de Infrarrojos de Campo Amplio (WISE, por sus siglas en inglés) muestra variaciones en la radiación infrarroja (el calor) que llega desde el espacio profundo. La Vía Láctea, nuestra propia galaxia, forma el disco azul en mitad de la imagen.

Introducción

LA ASTRONOMÍA DA PIE A DOS GRANDES PREGUNTAS: ¿DÓNDE ESTOY? Y ¿DE DÓNDE VENGO? Pensadores de todas las épocas se preguntaron sobre su existencia; era habitual que en sus respuestas apareciesen las estrellas, bien como objetos geománticos que muestran el porvenir, bien como guías de navegación (en este punto, servían de verdadera ayuda) o bien como puntos de referencia fijos sobre los que medir el universo.

Como si fuera el *smartphone* del primer milenio: el astrolabio era a la vez un reloj, un mapa, un adivino y una brújula.

Sobre esta roca podemos ver unas pinturas de hace mil años donde se observa que, como muchas otras civilizaciones, los nativos americanos de Nuevo México seguían los objetos celestes.

El estudio del cielo necesita de mucha imaginación. Nuestro conocimiento del universo ha tomado forma en las mentes abstractas de incontables filósofos, sabios y científicos. Y es ahí donde, en mayor parte, permanece. No podemos visitar otras estrellas para ver cómo son, y menos de 500 individuos de nuestra especie han tenido el privilegio de zafarse de las cadenas de la gravedad para mirar la Tierra desde el espacio. Nuestra mejor visión de los planetas vecinos ha sido siempre con un telescopio. La estructura del universo se ha formado en nuestras mentes, pasando de los astrólogos a los navegantes, hasta llegar a manos de los científicos.

Cada paso durante esa ruta del saber, entre esa corriente de ideas astronómicas, constituye una auténtica historia en sí misma, y aquí presentamos las 100 mejores. Cada una relata un hito, un problema de peso que condujo a un descubrimiento y que cambió la manera en que entendíamos la Tierra, las estrellas, todo el universo, así como nuestro lugar en él.

UN HITO

La búsqueda del saber es una tarea sin fin, con los hechos como piedra angular del conocimiento, partiendo de intuiciones que se elevan a teorías, antes de consolidarse frente a dichos hechos. Cada nuevo hito aporta un nuevo detalle, un toque definitivo o una reformulación de lo ya sabido, de nuestra visión del mundo: cuál es nuestro lugar en él, quiénes somos, etc., y si estamos solos.

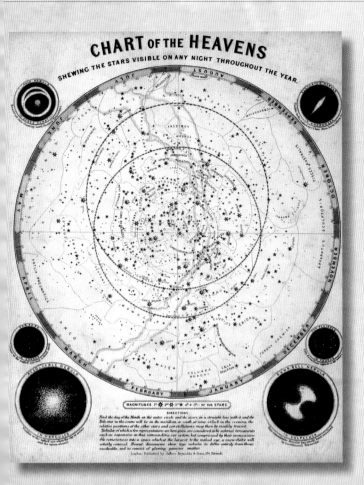

CHART OF THE HEAVENS

SHEWING THE STARS VISIBLE ON ANY NIGHT THROUGHOUT THE YEAR.

El panorama deslumbrante de una constelación de estrellas durante una noche despejada es razón suficiente para explicar por qué los primeros astrólogos estaban imbuidos de magia y divinidad. Quizá los primeros catálogos estelares fueron intentos de conocer mejor a los dioses y, por tanto, predecir lo que depararía el futuro. En cualquier caso, otra característica humana, el amor a los patrones, a lo repetido, se convirtió en todo un catalizador, y astrónomos de México a China comenzaron a codificar la orquestación celestial de las luces que surcan el cielo nocturno.

LA EXCEPCIÓN HACE EL CAMINO

Aquellos objetos que no seguían las mismas reglas habrían destacado entre el resto de datos registrados. Y fueron estos cuerpos excepcionales –los planetas, los cometas, las novas (o las estrellas recién aparecidas) y los remolinos nublados entre los puntos de luz estelar– los que aportaron las primeras pistas que ayudaron a resolver los muchos misterios del cosmos.

En la actualidad disfrutamos de una historia muy detallada del universo, o al menos eso creemos. Existe una inmensidad en la que descubrir más anomalías que podrían cambiar la versión aceptada de los hechos, algo que no sucedería por primera vez. La astronomía moderna se ha diversificado, como otras ciencias, y ya cuenta con los astroseismólogos, que vigilan los temblores internos de las estrellas, los astrobiólogos, que buscan lugares donde podría existir vida, o los cosmólogos, que consideran el panorama general. Tal como están las cosas, los astrónomos solo pueden ver el uno por ciento de esa imagen, todo lo demás está oscuro, literalmente. ¿Lo veremos alguna vez?

Gracias a los avances de la industria del siglo XIX, los mapas celestes ganaron en detalle y los telescopios se hicieron más asequibles y populares, con lo que la astronomía se puso al alcance de los aficionados. Incluso en la actualidad, muchos objetos celestes se descubren por las observaciones de astrónomos *amateur*.

Los astrónomos actuales miran más lejos en el espacio y en el tiempo, a la vez que estudian de nuevo las viejas observaciones con las técnicas de hoy. Esta imagen muestra la luz ultravioleta (invisible para el ojo humano) que se emite durante una fuerte tormenta solar. Las penachos en forma de burbuja, o eyecciones de masa, doblan el tamaño del Sol en cuestión de horas.

La escala del universo

EL UNIVERSO ES INABARCABLE, ESO ESTÁ CLARO, PERO LA MEDIDA DE SU TAMAÑO DESAFÍA LOS LÍMITES DE NUESTRA IMAGINACIÓN. Podemos intentar acercarnos a su tamaño a través de dibujos, pero contra ese inmenso vacío – salpicado en ocasiones de objetos realmente gigantescos– la escala humana, nuestra sensación del espacio y de nuestro lugar dentro del universo, parece enana, quedando reducida casi hasta la nada.

Esta ilustración muestra los tamaños relativos de los planetas del Sistema Solar y de sus lunas, pero no de las distancias entre ellos. El Sol tampoco está a escala.

Sol

Mercurio   Tierra   Asteroides   Júpiter   Saturno   Urano   Neptuno
        Venus   Marte

CÓMO MEDIR LA ASTRONOMÍA

Eratóstenes, el primero en medir el tamaño de la Tierra mediante pruebas objetivas, afirmó que era de 252 000 estadios. Esto equivalía a la longitud del estadio en que los atletas alejandrinos corrían arriba y abajo, tal vez con armadura completa, o nada encima. La milla, otra medida muy antigua, por entonces ya en uso, era la distancia recorrida en 1 000 pasos por una legión romana en marcha. El metro, en el que se basan todas las mediciones científicas, se definió inicialmente como una décima millonésima parte de la distancia del polo al ecuador. Todas estas unidades funcionan en la escala humana y son válidas para distancias que abarcan la Tierra, pero se vuelven poco útiles en la escala astronómica: son 42 000 millones de metros a Venus (en un buen día) y 356 millones de metros a la Luna. Incluso para nuestros vecinos más cercanos, los números resultan demasiado grandes.

DENTRO DEL SISTEMA SOLAR

Al recorrer el Sistema Solar, nuestro pedacito del universo, los astrónomos usan la unidad astronómica, UA. Una UA es la distancia promedio de la Tierra al Sol: alrededor de 150 millones de km. La UA es muy intuitiva. ¿A qué distancia estamos del Sol? Una UA. En el momento de mayor proximidad, la Tierra se encuentra a 0,3 UA de Venus, 0,5 UA de Marte, y la órbita de Neptuno está a 30 UA. Sin embargo, eso es solo para empezar. El Sistema Solar se extiende al menos cinco mil veces más en todas las direcciones. Aquí la UA se vuelve menos útil, y la siguiente estrella más cercana está a 268 305,24 UA del Sol. Necesitamos una nueva unidad.

EN CUALQUIER OTRO LUGAR

Casi todo lo que sabemos de fuera del Sistema Solar llega en forma de luz u otra forma de radiación electromagnética (ondas de radio, rayos X y similares). Todo esto se mueve a la misma velocidad: un poco más de 7 UA por hora, o 299 792,458 m/s. La luz de la estrella más cercana, Próxima Centauri, tarda 4,24 años en llegar hasta nosotros, por lo que está a 4,25 años luz de distancia. *Voilà*, una nueva unidad. Un año luz es de aproximadamente 63 000 UA (10 billones de km, más o menos). El universo visible se extiende 13,8 mil millones de años luz en todas las direcciones. Quizás necesitemos otra unidad algún día.

El Sistema Solar

La Tierra está a ocho minutos luz del Sol (lo que tarda la luz en llegar hasta nosotros). Júpiter está a 40 minutos luz, mientras que Neptuno está a 4 horas luz. El Sistema Solar se extiende hasta unos 0,5 años luz.

Las estrellas cercanas

La estrella más cercana, Próxima Centauri, una enana roja tenue que nos acecha desde este lado del sistema Alfa Centauri, está a 4,24 años luz. Las siguientes 15 estrellas más cercanas se hallan a 11 años luz del Sol.

La galaxia

Nuestro Sistema Solar se encuentra en el Brazo de Orión de la Vía Láctea. Toda la galaxia ocupa unos 100 000 años luz.

El Grupo Local

La Vía Láctea es la segunda galaxia de mayor tamaño del Grupo Local, tras Andrómeda. Este cúmulo agrupa unas 50 galaxias más que ocupan un espacio de 10 mega años luz, de lado a lado.

El supercúmulo de Virgo

El Grupo Local es uno de entre las docenas de otros cúmulos de galaxias (más de 100 en total) en un supercúmulo que ocupa 110 mega años luz.

El universo observable

Hay millones de supercúmulos en el universo, que a menudo forman filamentos o «grandes muros», de 500 millones de años luz de largo. Hasta donde sabemos, el universo tiene 13 800 millones de años, ya que la luz de más lejos aún no nos ha llegado. Así que, por ahora, 13,8 años luz es lo más lejos que podemos ver. Quizás el universo sea más grande… pero hasta ahora su luz no nos ha llegado.

EN EL CENTRO DEL UNIVERSO

1 | Monumentos para las estrellas

Los megalitos de Stonehenge son quizás los monumentos prehistóricos más emblemáticos (gracias en parte a que varios se asentaron sobre hormigón durante el siglo pasado). El debate sobre la verdadera función de las piedras continúa, desde una estadio acústico hasta un centro de curación. La opción más fiable es como un calendario solar, con el amanecer del solsticio de verano enmarcado entre sus arcos.

LA ASTRONOMÍA ES TAN ANTIGUA COMO LA HUMANIDAD. Nuestros antepasados prehistóricos distinguieron una serie de símbolos en la luz de las estrellas que refulgían en la oscuridad de las noches antiguas. Parece que muchas de las estructuras que quedan de aquellos días fueron construidas para reflejar el movimiento asombroso e interminable de los cielos.

La mente humana está diseñada para encontrar patrones, para distinguir el contorno de un depredador escondido entre la maleza, para rastrear alimentos y fuentes de agua, o para trazar alianzas con propios y extraños. No hace falta mucha imaginación para ver cómo, a lo largo de las generaciones, las primeras culturas humanas asociaron el ritmo de las estaciones y la aparición periódica de los cuerpos celestes. Había nacido la astronomía.

El vínculo entre las estrellas y las estaciones adquirió una importancia crucial con el auge de la agricultura. Sembrar semillas demasiado temprano o demasiado tarde podía significar una lenta muerte por hambre. Lo que estaba en juego no podía ser

más importante, y las culturas primitivas inmersas en la superstición harían lo que estuviera en su mano para asegurarse de que las fuerzas celestiales les favorecieran. Esto explica por qué tantas civilizaciones antiguas dedicaron millones de horas a erigir monumentos de piedra a los dioses del cielo, muchos de los cuales fueron construidos lo suficientemente bien como para sobrevivir hasta nuestros días. Algunos, como Stonehenge, encuadraban el sol en puntos claves, como los equinoccios (días y noches de igual duración) o solsticios (días más largos o más cortos del año). Otros miraron los cielos para asegurar una buena conexión con los dioses. Las pirámides de Guiza, en Egipto, están orientadas respecto a los puntos cardinales. Sin embargo, dado que la brújula no se inventó hasta 2 500 años después de su finalización, los topógrafos tuvieron que emplear las alineaciones de diferentes estrellas con la Estrella Polar para orientar estos monumentos mortuorios gigantes.

2 | Seguir el Sol y la Luna

LAS OBSERVACIONES Y REGISTROS SISTEMÁTICOS DEL MOVIMIENTO DEL SOL, LA LUNA Y ALGUNOS OTROS ASTROS BRILLANTES supusieron la base de los primeros calendarios. Fue entonces cuando los primeros astrónomos fueron más allá y emplearon los datos para predecir los acontecimientos celestes, como los eclipses.

Hacia el año 2000 a. C., los astrónomos egipcios y babilonios habían establecido la duración aproximada del año en 365 días. No sabían que este período es el tiempo que necesita la Tierra para completar una vuelta alrededor del Sol. En cambio, los egipcios basaron su año en la aparición de Sirio, la Estrella del Perro, que coincidía con la inundación anual del Nilo.

Las otras unidades temporales básicas, el día y el mes, también se basaron en acontecimientos astronómicos: la salida y la puesta del sol, y las fases de la luna, respectivamente. Los chinos, los babilonios y quizás los astrónomos de otras culturas pudieron establecer las posiciones del Sol y la Luna con la suficiente precisión como para predecir eclipses. Tales de Mileto, una figura fundamental en la ciencia, predijo un eclipse solar en 585 a. C. La leyenda dice que este hecho condujo al final de una larga guerra entre griegos y persas.

Una tabla babilónica registra el avistamiento de un cometa en el año 163 a. C. Estudios posteriores revelaron que dicho cometa era el mismo que hoy llamamos Halley.

3 | Patrones celestes

QUIZÁ SEA DE LO MÁS NATURAL QUE LOS HUMANOS PROYECTEN SUS MITOS, sus historias sobre la creación divina y los hechos sobrenaturales, sobre un lienzo de estrellas que están, de manera literal, fuera de su mundo.

Las constelaciones, los símbolos imaginarios en el cielo nocturno, reflejan la imaginería de una cultura. Todos estamos más o menos familiarizados con los perros, osos, cazadores y héroes que dominan las antiguas constelaciones griegas y que conforman la base de cómo los astrónomos modernos segmentan el cielo en la actualidad. Estas constelaciones se emplean para describir, oficialmente, las regiones del cielo. Otros patrones o símbolos son «no oficiales».

LAS MISMAS ESTRELLAS, VARIAS HISTORIAS

Quizás la mejor manera de ver los fuertes vínculos entre las constelaciones y las culturas que las crean es fijarse en una de las constelaciones más conocidas. Lo que los romanos latinizaron como Osa Mayor fue originalmente un oso grande que se les apareció a los griegos (este era el mayor de los dos que ocupaban las áreas vecinas del cielo. Según el mito, eran una madre y un hijo atrapados en una disputa celosa entre Zeus y su esposa). Sin embargo, para otros ojos, las siete estrellas más brillantes de la Osa Mayor se convirtieron en el Arado, y posteriormente, en América del Norte, el Gran Cucharón (*Big Dipper*, en inglés).

En la cultura hindú, al Gran Cucharón se le conoce como los Siete Sabios, llamado así por algunas figuras importantes en la literatura védica. Las siete estrellas también reciben una mención en el bíblico Libro de Amós, mientras que esa misma forma se ha identificado en esculturas de roca en una tumba en Puyang, en la provincia china de Henan, que data de 4000 a. C.

La Vía Láctea está compuesta por la luz conjunta de miles de millones de estrellas; ese cúmulo forma nuestra galaxia.

LA VÍA LÁCTEA

En el este de Asia es el Río Plateado; en India es el Ganges de los Cielos; en Medio Oriente y África se lo conoce como la Vía de la Paja, mientras que en Asia Central es el Camino del Pájaro. Todo esto se refiere a la pálida franja de luz que atraviesa el cielo nocturno, que de manera oficial se denomina con su nombre europeo, la Vía Láctea. Esta referencia celestial resulta difícil de divisar con la contaminación lumínica e incluso queda ahogada por la luz de luna. En cualquier caso, bajo condiciones adecuadas, lo que los romanos identificaron como *via lactea* es una visión maravillosa. El término latino proviene del griego *galaktikos kylos*, que significa «círculo lechoso». Así que, ¿qué estamos viendo? Es una vista de nuestra galaxia –todavía llamada Vía Láctea–, desde donde se encuentra nuestro Sol. La palabra *galaxia* también se deriva del término griego para «leche».

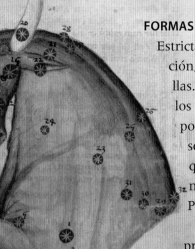

FORMAS MODERNAS

Estrictamente hablando, la Osa Mayor no es una constelación, sino un «asterismo», un patrón no oficial de estrellas. Además de ser fácil de reconocer y siempre visible en los cielos del norte, este asterismo también es conocido porque las dos estrellas más alejadas del mango (cuando se la mira como un cucharón o cazo) son los Punteros, que trazan una línea que lleva al astrónomo aficionado, *boy scout* o marinero en apuros hasta la Estrella Polar, que siempre está al norte.

El Triángulo de Verano es otro asterismo, descrito por primera vez en la década de 1920 como un área relativamente vacía del cielo entre las constelaciones de Águila, Lira y Cisne, pero popularizado en la década de 1950 por el astrónomo de la televisión británica Patrick Moore, quien sugirió a su audiencia que intentase observarlo durante los meses de verano, cuando la mayoría de las otras figuras del cielo del norte eran más difíciles de detectar.

El Código de Dresde, llamado así por la ciudad alemana donde se encuentra, es una obra de la literatura maya, escrito en soporte de corteza, como la que vemos. Tiene unos 800 años de antigüedad, pero se cree que su contenido proviene de varios siglos antes. Muchas de sus 78 páginas tienen que ver con datos astronómicos, como el Árbol del Mundo, una constelación similar a la Vía Láctea.

Este dibujo nos muestra la constelación Tauro en una copia del siglo XV de *El libro de las estrellas fijas*, del astrónomo árabe del siglo X Al Sufi. Este libro fusiona las constelaciones griegas con las tradiciones astronómicas de los científicos árabes.

HISTORIA DE LAS CONSTELACIONES

El conjunto de constelaciones griegas que hoy utilizamos se consolidó hacia el siglo IV a. C. Obviamente –y no sin ironía–, estos patrones no aparecieron de la nada. Muchos de ellos relatan mitos de origen micénico (alrededor de 1000 a. C.), en su mayoría terminando con Zeus, el rey de los dioses, que eleva a los personajes a los cielos para honrarlos o salvarlos de un tormento terrenal de un tipo u otro. Orión, el Cazador, es otra constelación reconocible y posee un lugar muy atractivo en la intrahistoria estelar. Se lo puede ver con sus perros de caza (Can Mayor y Can Menor) mirando a un toro (Tauro) y una liebre (Lepus) como posibles presas. Una leyenda relata que Orión se negó a darle su arco a una diosa; un ladrón fue enviado a robarlo y terminó matando al cazador por accidente. Es por eso que Orión desaparece por completo bajo el horizonte en primavera. Otra historia sitúa a Orión cazando con la diosa Artemisa, para disgusto de Apolo, su hermano, quien mata a Orión mediante una picadura de escorpión. A medida que la constelación de Orión se pone en el oeste cada noche, Escorpio (el escorpión asesino) se eleva en el este, en lo que es una persecución eterna por el cielo.

Las constelaciones griegas no cubren todo el cielo, y gran parte del hemisferio sur quedaba en blanco: no era visible desde el mundo griego clásico. La posición de esta región «inexplorada» lleva a los astrónomos a pensar que las constelaciones modernas datan de 1130 a. C., vistas desde alrededor del paralelo 33° Norte, la latitud aproximada de las civilizaciones mesopotámicas de esa época.

4 Estrellas fijas y errantes

LA PALABRA «ZODIACO» SE ASOCIA MÁS CON LA ASTROLOGÍA, la no muy fiable práctica de predecir el futuro mediante la posición de los planetas. Sin embargo, este término, que significa «círculo de animales» en griego, tiene una sólida base astronómica.

Muchos de los términos y conceptos que aplicamos en la astronomía moderna nos llegan desde los antiguos astrónomos griegos. Con toda probabilidad, no hacían sino reflejar ideas previas que venían de Babilonia o de otras civilizaciones más lejanas. Eudoxo de Cnido, un científico del siglo IV a. C., pupilo de Platón, está considerado como la mejor fuente en cuanto a la astronomía clásica se refiere. Su compilación de constelaciones es la que aún empleamos para el hemisferio norte. Por supuesto, los primeros astrónomos de China, India u otros países diseñaron otras constelaciones.

Este disco de arcilla hecho en Alejandría hacia el siglo I a. C. muestra 12 signos zodiacales, muchos de los cuales son los mismos que aún hoy utilizamos.

OBJETOS QUE SE MUEVEN

Eudoxo también incluyó el concepto babilónico de zodiaco en su relación de estrellas. Consistía en una franja del cielo conocida por unos objetos un tanto extraños: los errantes. La palabra griega para «errante» es la que ha derivado hasta «planeta». Los errantes eran el Sol, la Luna y cinco pequeñas estrellas (que ahora sabemos que son planetas).

El mayor y más brillante de ellos – el Sol– marca un trazado por el cielo conocida como eclíptica. El nombre tiene que ver con cómo se forma un eclipse cuando la Luna está cerca (o muy cerca) de esta línea.

EN CONJUNTO

La Luna y los planetas nunca se desvían lejos de la eclíptica (menos de 10° grados a cada lado) del mencionado zodiaco. Las 12 constelaciones del zodiaco y la ruta de los errantes tomó especial significado para los adivinos y filósofos naturales de la época. Aquellos trataron de predecir el futuro relacionando las fechas de nacimiento con el trazado de los siete errantes. Para los filósofos, los movimientos zodiacales constituían las piezas de un puzle que podría revelar el lugar de la Tierra en el universo.

5 Dioses celestiales

A LAS ESTRELLAS ERRANTES, ESPÍRITUS LIBRES EN EL INFLEXIBLE MARCO DE LAS CONSTELACIONES, se las relacionaba con los dioses, cada una de las cuales contaba con una personalidad definida. Los científicos acordaron adoptar los nombres romanos para los planetas, y sus cualidades sobrenaturales se extienden hasta hoy.

Eudoxo tuvo que haber conocido los trabajos del matemático Filolao sobre el movimiento de las estrellas. Filolao situó a la Tierra moviéndose alrededor de un fuego central (Hestia), con el Sol (esfera que reflejaría la luz del fuego), la Luna y los planetas rotando en círculos cada vez más amplios alrededor de dicho punto. Agregar una esfera externa sobre la cual se fijaron las constelaciones dio como resultado nueve objetos celestiales en movimiento perpetuo. Como Pitágoras, Filolao creía que nueve era un número imperfecto, pero no así 10. Así que propuso que un objeto invisible se situara entre el fuego y la Tierra moviéndose en un eclipse eterno, impidiendo que las llamas primordiales quedasen a la vista.

EL TRABAJO DE LOS DIOSES

Los errantes Luna, Sol y esos cinco planetas, por tanto, eran dioses con su vida propia, que vigilaban e influían en la vida terrestre. Las características de los planetas eran las mismas que las de los dioses a los que representaban. Mercurio (Hermes, para los griegos) era el mensajero adolescente de los dioses, siempre en rápido movimiento, que desaparecía de la vista con frecuencia para volver a aparecer de inmediato: por lo habitual, una presencia inestable. Al siguiente planeta lo conocemos como Venus, la diosa romana del amor. Sin embargo, para los griegos eran en realidad dos estrellas gemelas: Héspero, el lucero vespertino, la primera en aparecer cuando caía la noche; Fósforo (o Eósforo) surgía al amanecer, y posteriormente fue identificado con Lucifer («el portador de luz»), en otra historia de connotaciones bien distintas.

El rojo furibundo del siguiente planeta fue clave para asociarlo con Marte (Ares, para los griegos), el dios de la guerra y los cultivos. Su mes, marzo, señalaba el momento más propicio para empezar una guerra o sembrar los campos (pero no ambos a la vez). Júpiter (Zeus), de movimiento pausado pero de presencia estable, era el rey de los dioses. En diversas tradiciones, el señor de los dioses destrona a su padre. Es lo que hizo Júpiter con el suyo, Saturno (Cronos, el dios del tiempo). A Saturno se le permitió errar bajo las estrellas fijas. ¿Era él el último? Después de todo, Sarturno había usurpado el poder de su propio padre, Caelus, más conocido como Urano. Quizá éste último también anduviera por el espacio. El tiempo pondría las cosas en su lugar.

La ciencia astronómica y las supersticiones astrológicas no quedaron claramente separadas hasta el siglo XIX, y las observaciones de los planetas y otros cuerpos celestiales eran interpretadas a menudo como buenos o malos augurios.

Los romanos identificaban al planeta más brillante y más a la vista, con Venus, la diosa del amor y la fertilidad. Ella contrarrestaba la influencia de Marte, con el que tuvo un hijo, Cupido, el dios del deseo.

6 La Tierra, el centro

UNO DE LOS PRINCIPIOS DE LA ASTRONOMÍA MODERNA ES QUE LAS LEYES DE LA FÍSICA QUE SE OBSERVAN EN LA TIERRA se mantienen en todos los puntos del universo. Aristóteles aplicó esta noción a su universo, eliminó el fuego central de Filolao y colocó a la Tierra en el corazón de todo.

A la par que algunos científicos cuestionaban el modelo del universo de Aristóteles, esas críticas fueron censuradas primero por la creencia griega en la perfecta armonía de la naturaleza, y luego por la Iglesia Católica, que defendió los puntos de vista de Aristóteles como enseñanza religiosa ortodoxa. Como resultado, el universo Aristotélico fue aceptado desde el siglo IV a. C. hasta el siglo XVII.

CAPAS DE MATERIA

Aristóteles dio pie a la idea de que el universo estaba construido con cuatro elementos: tierra, agua, aire y fuego. Estos materiales terrestres se combinaron para formar todas las sustancias naturales. El calor, la aridez, el frío y la humedad eran la prueba de la presencia de su elemento correspondiente. El humo de la leña ardiente era el aire que escapaba por dentro, la resina expulsada por el calor era el agua, la ceniza que quedaba era el elemento de tierra, mientras que las llamas ondulantes eran su fuego.

Aristóteles razonó que la fuerza motriz tras la naturaleza era el deseo de los elementos de separarse en sus formas puras. La tierra era el elemento más básico y el más pesado, por lo que se hundió bajo el resto, y creó el suelo. El agua formó la siguiente capa, seguida del aire y luego el fuego. Las erupciones volcánicas, los terremotos y la lluvia eran la prueba de que los elementos encontraron su camino hacia sus debidas posiciones.

El anillo de fuego llegaba hasta la Luna, mientras que más allá se extendía el Sol y los cinco planetas, todos alrededor de la Tierra. Todo estaba encerrado por una esfera celestial donde las estrellas fijas quedaban incrustadas en cristal.

La región del universo más allá de la Luna estaba llena de éter. Esto, según Aristóteles, era la *quintaesencia*, un quinto elemento celestial ubicado más allá del alcance de los humanos, que nunca se mezclaba con los elementos más humildes. Incluso después de que se descubriera la verdadera naturaleza del Sistema Solar, el concepto de un éter omnipresente continuó hasta el siglo XX, solo refutado por la teoría de la relatividad especial de Einstein.

Publicado en 1539, unos pocos años antes de ser desbancado por Nicolás Copérnico, la *Cosmografía* de Petrus Apianus contiene una mapa del universo como el de Aristóteles, completado con un zodiaco.

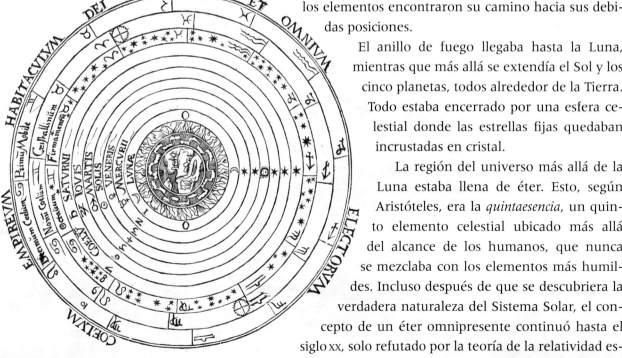

7 La esfera que rota

ES FÁCIL DECIR AHORA QUE FUE ARISTÓTELES EL QUE LO EQUIVOCÓ TODO. Sin embargo, su visión también contenía aciertos. El más señalado, en térmicos astronómicos, era su insistencia en que la Tierra era una esfera, y la prueba llegó gracias a los elefantes.

La mayoría de las culturas antiguas parecen haber crecido en la creencia de que el mundo tenía algún tipo de forma redondeada. En el siglo VII a. C., los griegos pensaban que vivían en un disco, aunque en 580 a. C. Anaximandro de Mileto afrimó que era más bien un cilindro, con una masa de tierra plana en la parte superior y un océano hirviendo que se curvaba alrededor.

Uno de los alumnos de Anaximandro (según algunas fuentes) fue Pitágoras, el famoso matemático, que posiblemente tomó ideas de Egipto, Mesopotamia y puede que de aún más lejos. Propuso que todos los cuerpos celestes tenían forma de esfera, y como la Tierra era uno de ellos... también debía ser una esfera. No todos estuvieron de acuerdo. Demócrito, el principal exponente del atomismo (la idea de que el universo estaba hecho de pequeñas unidades llamadas átomos) es aclamado como un genio visionario cuyas ideas fueron anuladas por la fe ciega en Aristóteles. Sin embargo, Demócrito también podía fallar: apoyaba el concepto de la Tierra plana.

LA LÓGICA ARISTOTÉLICA

Pitágoras nunca expuso razonamiento alguno, pero Aristóteles sí lo hizo 200 años después: la Luna estaba iluminada por la luz del Sol (al igual que la Tierra). Eso significaba que las fases de la Luna no eran el resultado del cambio de forma de la Luna, sino de la visión cambiante del satélite iluminado desde la Tierra. A medida que esa vista cambiaba, la forma del terminador –el límite entre la sombra y la luz– siempre era curva. La única forma que se comporta así es una esfera. Durante un eclipse lunar, la sombra de la Tierra que cruza la Luna también es siempre redonda. Solo las formas redondas proyectan siempre sombras redondas. Pero, ¿por qué la Tierra no era un disco plano? Aristóteles observó que al viajar hacia el norte o hacia el sur los ángulos entre las estrellas y el horizonte cambiaban. Por ejemplo, la estrella Polar bajaba en el cielo a medida que se avanzase hacia el sur. Esto solo es posible si se viaja sobre una superficie curva. En última instancia, Aristóteles jugó la carta del elefante: los elefantes vivían en la India (el límite oriental del mundo conocido en ese momento) y Marruecos (el límite occidental), ¡por lo que la superficie del mundo debía estar interconectada!

La ciencia astronómica y las supersticiones astrológicas no quedaron claramente separadas hasta el siglo XIX, y las observaciones de los planetas y otros cuerpos celestiales eran interpretadas a menudo como buenos o malos augurios.

8 | La teoría heliocéntrica

UNA GENERACIÓN DESPUÉS, APROXIMADAMENTE, DE LA OBRA DE ARISTÓTELES, UN GRIEGO LLAMADO ARISTARCO DE SAMOS propuso un alternativa a la visión geocéntrica del universo. Su teoría colocaba al Sol en el centro.

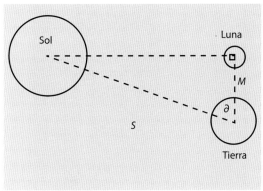

Aristarco utilizó funciones trigonométricas para calcular el radio de *M* y *S* a partir del ángulo d. En realidad, la distancia *S* es mucho mayor que *M*, por lo que el ángulo ∂ se acerca a 90° mucho más de lo que aquí se observa.

La idea heliocéntrica de Aristarco nos llega de segunda mano. El único texto suyo que ha sobrevivido, *De los tamaños y las distancias del Sol y de la Luna* (publicado hacia 250 a. C.) no lo menciona, pero apunta a su existencia. En él, Aristarco utiliza la trigonometría para mostrar que el Sol quedaba unas 19 veces más lejos que la Luna. Llegó a esta conclusión cuando la Luna, la Tierra y el Sol formaban un triángulo rectángulo. En ese momento afirmó que el ángulo del sol es de 87° (3° desviado del recto).

No sabemos cómo lo midió, ya que incluso los astrónomos actuales tendrían ciertas dificultades para ello. En cualquier caso, era erróneo, así que es posible que Aristarco lo calculase con un poco de gimnasia geométrica: el Sol parece estar a 90°, pero la ley de los triángulos de Euclides dice que no puede ser así. De todas formas, Aristarco siguió su ejercicio utilizando sus cálculos para estimar el tamaño del Sol, la Luna y la Tierra a partir del tamaño de los conos de sombra durante un eclipse lunar. De nuevo, estaba muy equivocado, ya que dispuso que el tamaño del Sol era siete veces mayor que el de la Tierra (es 109 veces). Resulta pura especulación, pero quizás determinar que el Sol era el objeto de mayor tamaño en el espacio fue lo que condujo a Aristarco a creer que debía ser el punto central. Solo podemos especular con cómo habría cambiado la historia si las ideas de Aristarco se hubieran tomado más en serio.

9 | Eratóstenes mide la Tierra

A FINALES DEL SIGLO III A. C., OTRO MATEMÁTICO CONCIBIÓ UNA MANERA BIEN SIMPLE DE CALCULAR EL TAMAÑO DE LA TIERRA, que implicaba realizar una única medida.

Como Aristóteles había señalado en su tratado sobre la forma de la Tierra, se sabía que los objetos celestes alcanzaban diferentes altitudes —medidas como ángulos sobre el horizonte— en diferentes áreas del mundo antiguo. El Sol no fue una excepción. Cuando Eratóstenes, el bibliotecario jefe de Alejandría, escuchó que, aunque el sol proyectaba sombras en Alejandría al mediodía del primer día del verano, no lo hacía en Syene —una ciudad al sur ahora conocida como Asuán—, quedó

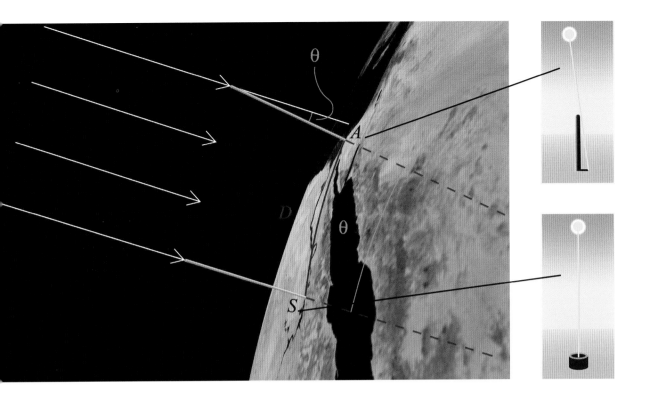

El triángulo formado por la estaca, la sombra y el rayo de luz fue suficiente para que Eratóstenes calculase el ángulo del sol sobre Alejandría el primer día de verano.

En Syene, el sol estaba justo sobre su cabeza el primer día de verano e iluminaba el fondo de un pozo.

intrigado. La prueba de Syene llegó tras un comentario de que el sol del mediodía iluminaba un pozo en la Isla Elefantina en el Nilo, cerca de Syene. Eratóstenes se dio cuenta de que si el Sol estaba justo sobre Syene en un día concreto (una altura de 90°), podría medir la altura (menor) sobre Alejandría en ese mismo momento, y emplear esa cifra para calcular la circunferencia de la Tierra.

EL MÉTODO Y EL RESULTADO

Eratóstenes razonó que la luz del sol viajaba en haces paralelos entre sí. Los rayos sobre Syene llegaban verticalmente, mientras que en Alejandría lo hacían en ligero ángulo, proyectando sombras. Él ya sabía, por los archivos de su biblioteca y consultando a vendedores ambulantes, que la distancia entre las dos ciudades era de 5 000 estadios (una medida antigua, que se muestra como la distancia D de arriba). Todo lo que tenía que hacer era calcular el ángulo de la luz solar en Alejandría (marcado como θ). Procedió midiendo la longitud de una sombra proyectada por un *gnomon* (una estaca vertical) al mediodía en el solsticio de verano: la geometría hizo el resto.

El ángulo de la luz medida desde el gnomon en Alejandría era el mismo que el ángulo entre las dos ciudades medido desde el centro de la Tierra. La cifra a la que llegó Eratóstenes fue de 7° 12', que es 1/50 de la circunferencia total de la Tierra. Así, puesto que mediaban 5 000 estadios entre Alejandría y Syene, serían 5 000 x 50 para rodear la Tierra. El resultado final de 252 000 estadios (Eratóstenes redondeó un poco para compensar pequeños errores) depende, para nosotros, de la longitud del estadio que utilizó. La medida griega estándar de 185 m tomada del estadio en Olimpia en Grecia genera un error del 16 %. Sin embargo, es más probable que Eratóstenes usara el estadio egipcio de 157,5 m, lo que daría como resultado 39 690 km, ¡menos del 2 %!

10 | Ruedas dentro de ruedas

HIPARCO FUE UN ASTRÓNOMO QUE TRABAJABA EN LA ISLA DE RODA EN EL SIGLO II A. C. Su catálogo de estrellas resultaba tan preciso que descubrió que las constelaciones no eran tan fijas como se pensaba.

Las obras completas de Hiparco se han perdido en los últimos 2000 años, y todo lo que sabemos sobre su trabajo proviene de los informes de otros. La mayor parte de su vida la pasó trazando mapas de los cielos desde el observatorio de su isla. Su catálogo de 850 estrellas fue de una precisión impresionante, teniendo en cuenta que no tuvo ayudas ópticas. Probablemente, muchas de las mediciones se realizaron con una vara, una madera larga con travesaños ajustables. La vara central quedaba alineada con una estrella, mientras se movía un travesaño hasta que se encontraba con la línea de visión de otro. Los ángulos del triángulo generado podrían usarse para calcular las posiciones relativas de las dos estrellas.

No es casualidad que Hiparco sea recordado como una figura fundadora de la trigonometría, ya que creó las primeras tablas de las proporciones de los ángulos y longitudes de un triángulo rectángulo. Dio las coordenadas de cada estrella en la esfera celeste, como la longitud y la latitud utilizadas para señalar ubicaciones en un globo. Hiparco también atribuyó a las estrellas una magnitud o medida de brillo.

Posiblemente, Hiparco trabajó durante algunos años en Alejandría, el foco del conocimiento del mundo antiguo. Aquí se le muestra en dicha ciudad, midiendo los ángulos mediante una vara.

PRECESIÓN CELESTIAL

Hiparco descubrió que su mapa estelar no coincidía con las observaciones de sus colegas muertos desde hacía mucho tiempo, que se remontaban a Babilonia. Algunas estrellas importantes se habían movido ligeramente a lo largo de los siglos. Por supuesto, las estrellas están en movimiento todo el tiempo a medida que la esfera celeste gira alrededor de la Tierra (como lo habría entendido Hiparco). Sin embargo, las mediciones de Hiparco se centraban en los equinoccios, dos momentos aparentemente fijos cada año. Hiparco también descubrió que el tiempo entre equinoccios variaba. Su explicación era que los equinoccios se movían, o «precesaban», a través del zodiaco a 1° por siglo (ahora sabemos que esto se debe al tambaleo del eje de la Tierra debido a la atracción gravitatoria de nuestros vecinos, y ocurre un poco más rápido de lo que dijo Hiparco, completando un ciclo cada 26 000 años).

LOS EXCÉNTRICOS SOL Y LUNA

Hiparco también intentó medir la distancia entre la Luna y el Sol. Descubrió que el Sol estaba tan lejos que su distancia era incalculable, pero calculó la distancia a la Luna como 59 veces el radio de la Tierra (la distancia real es de 60 radios). También intentó conciliar el movimiento errático del Sol y la Luna que observó con el suave trazado circular alrededor de la Tierra que dictaba la visión aristotélica del universo. Hiparco descubrió que la única forma de explicar por qué estos cuerpos parecían ralentizarse y acelerarse era introducir epiciclos y excéntricos, optando por lo último en el caso del Sol, pero utilizando una combinación de ambos para explicar los movimientos de la Luna. Estas soluciones a menudo se describen como «ruedas dentro de ruedas» por su innecesaria complejidad.

EXCÉNTRICO FRENTE A EPICICLO

Un excéntrico es un trazado circular (P) donde el centro (C) no corresponde exactamente con el objeto (T, Tierra en este caso) al que circunda. Un epiciclo (Q) es un pequeño círculo que orbita un punto (A) en la circunferencia de un círculo mayor, conocido como deferente. Este punto no está fijo, pero se mueve alrededor de su centro, que es la posición fija de la Tierra (T).

EXCÉNTRICO   EPICICLO

11 Mecanismo Anticitera

SURGIDO EN 1902 DEL FONDO MARINO FRENTE A ANTICITERA, UNA PEQUEÑA ISLA CERCA DE CRETA, este intrincado conjunto de esferas corroídas parecía un reloj antiguo. Sin duda era antiguo, ¡son de una computadora astronómica de 2000 años de antigüedad!

Sabemos que el dispositivo era en verdad antiguo porque se encontró en un naufragio en la costa de la isla de Anticitera. Probablemente, el barco se cargó con el botín de un general romano que regresaba a Italia alrededor de 70 a.C. Se hundió 60 m y varios buzos murieron en su excavación, anterior a la tecnología SCUBA.

El mecanismo está construido con tanta precisión que los expertos piensan que debe haber habido varias versiones anteriores. También suponen que el artilugio vino de Rodas, la casa de Hiparco. La teoría dice que los engranajes eran parte de una computadora mecánica más grande que usaba los sistemas orbitales establecidos por Hiparco y que podían girarse para señalar las posiciones del Sol y la Luna en relación con las estrellas principales en cualquier momento.

El mecanismo estaba hecho de engranajes de bronce encastrados en madera. Se han perdido un número desconocido de engranajes, al igual que el mango que acciona el dispositivo.

12 El calendario juliano

LOS ANTIGUOS EGIPCIOS HABÍAN CONTADO LOS AÑOS EN GRUPOS DE 365 DÍAS DESDE HACÍA SIGLOS, pero observaron que su calendario iba perdiendo sincronización con las estrellas poco a poco. Fue tarea del dictador romano Julio César arreglar este problema astronómico.

Los 12 meses de nuestro calendario actual proceden del romano. Las reformas julianas se aseguraron de que cada mes encajase en una estación concreta: noviembre era temporada de la matanza del ganado.

Parece que el universo no está en perfecta armonía. El tiempo entre cada amanecer es unos cuatro minutos más largo que el período entre el ascenso de una estrella; la esfera celeste gira un poco más rápido (o eso parece). Además, Hiparco y otros sabían que un año, el tiempo que emplea el Sol en moverse alrededor de la Tierra, era de 365 días y seis horas. Eso significaba que los eventos anunciados por ciertas estrellas cambiaban gradualmente en el calendario. Por ejemplo, los días de verano del perro fueron una referencia romana al surgimiento de Sirio, la Estrella Perro, en julio. Sin embargo, hacia el siglo I a. C. el calendario romano parecía un poco desordenado y tuvieron que incluirse unos meses adicionales de manera bastante arbitraria para que el calendario romano se sincronizase con el tiempo estelar real.

Cuando Julio César se convirtió en líder de Roma en 46 a. C., estaba decidido a ordenar el calendario. Con el consejo del astrónomo Sosígenes de Alejandría, César introdujo un año bisiesto de 366 días cada cuatro años (con un día añadido a febrero, el mes más corto). Por entonces, el antiguo calendario romano llevaba tres meses de adelanto, por lo que se decretó que el año que ahora se llama 46 a. C. tendría dos meses más, lo que lo alargó hasta los 445 días: hecho que volvería a poner todo al día.

13 El *Almagesto* de Ptolomeo

CLAUDIO PTOLOMEO FUE EL ÚLTIMO ASTRÓNOMO DE RENOMBRE DE LA EDAD CLÁSICA. Lo recordamos por su compilación de ciencias de la época, plagado de ideas falsas, pero sin duda fue una fuente de estudio para los que siguieron.

Más conocido tan solo como Ptolomeo, este astrónomo tenía su base en Alejandría, un gran puerto en la desembocadura del Nilo establecido por el conquistador griego Alejandro Magno (no fue la única ciudad que llamó por su nombre). El nombre de Ptolomeo evoca una línea noble que conduce a los generales de Alejandro, uno de los cuales tomó el control de Egipto después de que el joven constructor del imperio hubiese muerto. Los Ptolomeos gobernaron como faraones durante 250 años hasta que la reina Cleopatra VII tuviera como pretendientes a un par de romanos… Así que, cuando Ptolomeo trabajaba en el año 140, era un ciudadano completamente romano con tan solo vínculos lejanos con la ex familia gobernante.

NO SOLO TRABAJO PROPIO

Ptolomeo fue un astrónomo laborioso e hizo algunos avances útiles en trigonometría, pero su trabajo de 13 volúmenes se basa, en gran medida, en el catálogo de estrellas de Hiparco y la interpretación matemática del movimiento del Sol y la Luna. Ptolomeo presentó su libro como una forma de predecir eventos astronómicos, no una representación del universo, pero tuvo el efecto de afianzar el sistema aristotélico en los albores de la cristiandad, convirtiéndolo en el conocimiento *oficial* de los mecanismos internos de la creación.

Ptolomeo, de habla griega, tituló en un principio su libro como *Mathematika Syntaxis* (*Tratado matemático*). Más tarde fue reeditado como *Mega Syntaxis* (*Gran Tratado*). A medida que la astronomía y otras ciencias se trasladaron a Oriente Medio en el siglo VI durante la llamada Edad Oscura de Europa, el libro se fue conociendo como el «Más grande» o *al-majisti* en árabe. Cuando se reintrodujo en Europa siglos después, el libro de Ptolomeo se conocía simplemente como el *Almagesto*.

Página de inicio de una edición latina del *Almagesto*, impreso en Venecia en 1515; en aquellos días, aún constituía un valioso compendio astronómico. Menos de 30 años después, la obra de Nicolás Copérnico trasformó este enorme libro en una curiosidad histórica.

Un friso de arcilla de Ptolomeo muestra al astrónomo midiendo la altura de una estrella con un sencillo cuadrante.

LA CONTRIBUCIÓN PTOLEMAICA

Ptolomeo extendió el catálogo de estrellas de Hiparco e hizo un gran trabajo para que el movimiento observado del Sol y la Luna se correspondiese con sus presuntas posiciones en órbita alrededor de la Tierra. Extendió este sistema a los planetas, lo que sumó un nuevo nivel de complejidad: los planetas exteriores no solo aceleraban y desaceleraban, sino que también parecían cambiar de dirección por completo cuando se veían desde la Tierra. Aunque relativamente fácil de explicar con un modelo heliocéntrico, Ptolomeo refinó (con gran habilidad matemática) los epiciclos y excéntricos de Hiparco, e introdujo los equivalentes, un tercer punto dentro de un excéntrico sobre el cual se movía el centro de un epiciclo.

UN LUGAR PARA LA TIERRA

14 El astrolabio

DURANTE EL PRIMER MILENIO, EL PROPÓSITO DE LOS ASTRÓNOMOS ERA MIRAR EL CIELO MEJOR Y MEDIRLO CON MAYOR PRECISIÓN. Para ello, el instrumento más útil era el astrolabio, una invención atribuida a Hiparco, pero cuyo potencial completo fue desarrollado por los astrónomos islámicos.

A medida que el Imperio Romano empezó a retroceder a partir del siglo V, el saber astronómico se trasladó hacia el imperio islámico. La Casa de la Sabiduría de Bagdad se convirtió en la respuesta árabe a la Biblioteca de Alejandría, perdida hacía mucho tiempo, y en un modelo para las futuras universidades de Europa.

El enfoque principal de la astronomía islámica era encontrar formas de medir la *quiblah*, la dirección a la ciudad santa de La Meca, y explorar métodos para saber la hora, para que los fieles del extenso califato pudieran rezar en los momentos señalados de la manera correcta. Para ello, los astrónomos utilizaron un astrolabio (literalmente «tomador de estrellas»), que era un modelo ajustable bidimensional del cielo. Un complejo *rete* (red) mostraba la eclíptica y varias estrellas brillantes y fáciles de ver. Esto cubría una placa que mostraba las coordenadas de la esfera celeste. Ambos se movían dentro de un marco exterior dividido en horas y minutos del día. Para indicar la hora, el usuario mide la altitud de una estrella brillante y ajusta el dispositivo para que coincida. Los topógrafos habrían usado astrolabios para colocar el *mihrab*, el nicho en una pared de la mezquita que indica la dirección de la oración.

La Edad de Oro del Islam también generó una buena cantidad de descubrimientos. El científico del siglo X Ibn al-Haythem (o Alhacén) respondió una de las preguntas fundamentales: ¿qué vemos? Mostró que la luz viaja desde los objetos (se refería especialmente a estrellas distantes) hacia nuestros ojos, no primero desde los ojos, antes de volver del entorno, como propuso Ptolomeo. La Tierra permaneció en el centro del mundo islámico, con al-Sufi y otros actualizando la obra de Ptolomeo, y añadieron el primer registro de la galaxia de Andrómeda (considerada como una «pequeña nube») y otras estrellas. Como resultado de sus esfuerzos, muchos de los términos utilizados en la astronomía moderna tienen raíces árabes: cénit, acimut, nadir y almanaque. También algunas estrellas, como Betelgeuse, Rigel o Altair, tienen nombres árabes.

Este astrolabio de bronce se fabricó en El Cairo en el siglo XIII. El círculo interior es la eclíptica, mientras que las estrellas más brillantes se muestran como puntos en las vistosas constelaciones. Al ajustar esas funciones de manera que coincidan en la cuadrícula, en la placa trasera aparece una representación del cielo.

15 | Aparece la Nebulosa del Cangrejo

EN 1054 APARECIÓ UNA NUEVA ESTRELLA EN EL CIELO, UNA LUZ BRILLANTE EN LA CONSTELACIÓN DE TAURO. En el plazo de dos años desapareció de la vista. Los astrónomos chinos documentaron con exactitud este extraño suceso, que hoy conocemos como supernova. Esta en concreto dejó una tenue nube de gas, que fue llamada la Nebulosa del Cangrejo.

Los astrónomos chinos ya habían detectado «estrellas invitadas» recién llegadas al cielo nocturno. Probablemente, la mayoría eran cometas, o lo que luego fue llamado nova por Tycho Brahe, astrónomo danés del siglo XVI. *Nova* significa «nuevo» en latín, y se refiere a cualquier estrella que de pronto se vuelve más brillante por un corto periodo de tiempo. Ahora sabemos que la estrella invitada de 1054 era en realidad una supernova, un cuerpo especialmente brillante visto después de la explosión de una estrella gigante. Este fenómeno no se explicó hasta la década de 1930, y SN 1054 (como se clasifica ahora la Nebulosa del Cangrejo) es una de las primeras en ser documentada por varias fuentes.

La Nebulosa del Cangrejo recibió su nombre en 1845 de manos de William Parsons, quien vio varios apéndices que salían de la parte central, lo que le recordaba a un cangrejo. La imagen más reciente que vemos a continuación muestra, con mucho más detalle, la nube de gas que aún se expande a 1 500 km por segundo, casi 1 000 años después de su formación.

VISTO EN TODO EL MUNDO

Varios astrónomos chinos observaron la nueva estrella, al igual que otros en Japón y Corea. También se cree que una pintura rupestre en el Cañón del Chaco, Nuevo México (EE. UU.), era un testimonio de esta nueva luz en el cielo de los nativos americanos. Hacia 1056, la luz había desaparecido, pero en 1731 el astrónomo inglés John Bevis vio una leve mancha en su lugar. Lo agregó a un conjunto cada vez mayor de objetos astronómicos difusos conocidos como nebulosas (pequeñas nubes), que se habían descubierto poco más de un siglo antes.

16 | Copérnico cambia el mundo

LA EXPRESIÓN «CAMBIO DE PARADIGMA» SE SUELE EMPLEAR CON FRECUENCIA, puede que con demasiada frecuencia en la actualidad. En sentido estricto implica un cambio en un conjunto de supuestos científicos, y aquel que provocó el mayor cambio de paradigma en la historia fue Nicolás Copérnico.

Esta sencilla ilustración del libro *De Revolutionibus Orbium Coelestium* (*Sobre la revolución de los cuerpos celestes*), de Nicolás Copérnico, mostraba a los seis planetas (incluida la Tierra) en órbita circular alrededor del Sol.

Imaginémonos yendo a dormir pensando que el Sol y todo lo demás en el universo gira a nuestro alrededor, alrededor de la Tierra, y que justo al despertarnos alguien nos dice que no somos más que otro de los tantos que se mueven dando vueltas al Sol.

Aunque no fue el primero en pensar así, Copérnico fue el primero en proponer abiertamente la teoría heliocéntrica, y respaldarla con cálculos astronómicos. Se había interesado por la astronomía mientras estudiaba medicina, ya que por entonces se creía que la salud estaba influenciada por las estrellas. Siguió enseñando astronomía en Roma durante tres años, donde planteó la complejidad de los epiciclos y excéntricos que trazaban los cuerpos alrededor de la Tierra. No queda claro cuándo empezó a considerar (aún perfeccionable) la teoría heliocéntrica, pero cuando regresó a Polonia, donde trabajaba como clérigo, comenzó a mover su teoría, un tanto herética para esos tiempos. Sin embargo, Copérnico no quiso problemas con sus superiores. Le entregó su manuscrito a un estudiante de su confianza que lo publicó cuando su maestro se hallaba ya en su lecho de muerte. El libro fue inmediatamente prohibido por el Papa, y así permaneció durante otros 300 años.

Nicolás Copérnico es un héroe nacional en Polonia. Esta estatua, que lo muestra sujetando un modelo del Sistema Solar con el Sol en su centro, se levanta frente a la Academia Polaca de las Ciencias, en Varsovia.

17 | El observatorio de Tycho Brahe

DEBEMOS RECORDAR QUE, HASTA EL SIGLO XVII, CADA ESTRELLA QUE SE CLASIFICABA ERA OBSERVADA A SIMPLE VISTA (y existen unas 2000 estrellas que se pueden ver de este modo. Tycho Brahe fue el último gran astrónomo de la era anterior al telescopio, y trabajó en el primer observatorio que se construyó a tal efecto.

Tycho Brahe era el malo de la película de los astrónomos. No solo tenía fama de persona desagradable, de gran riqueza, y conocido tan solo por su nombre de pila, sino que también construyó pequeños observatorios en una isla entre Dinamarca y Suecia. El primero fue Uraniborg (Castillo de los Cielos), que contaba con torres altas, un gran sótano y un enorme jardín. Sin embargo, los duros vientos del Báltico provocaban que las torres se moviesen, lo que afectaba a las observaciones más críticas, por lo que el ambicioso proyecto de Tycho pronto tuvo que abandonar los reducidos márgenes del primer recinto. Así que el propio Tycho construyó Stjerneborg, el Castillo de las Estrellas. En este caso lo hizo bajo tierra, con los instrumentos necesarios en la superficie, de manera que se protegía de la acción del viento.

CAMBIOS CELESTIALES

Tycho rechazó el modelo copernicano porque no podía observar ningún paralaje, ni ningún cambio aparente en las estrellas que pudiera atribuirse al movimiento de traslación de la Tierra (las estrellas quedan muy lejos). En cambio, Tycho propuso que el Sol orbitaba la Tierra, pero que el resto de planetas giraba alrededor del Sol. A pesar de esos errores, el mapa estelar de Tycho resultó inigualable. Una de sus primeras observaciones fue la mejor. En 1572, divisó una nova tan brillante como para rivalizar con Venus. No encontró prueba alguna de que esa nueva estrella (SN 1572) estuviese más cerca que cualquier otra, lo que significaba que la esfera celeste no era perfecta ni inmutable, sino abierta a cambios, como todo lo demás.

Esta pintura del cartógrafo holandés Johan Blaeu, que retrata el observatorio Uraniborg de Tycho Brahe en la isla de Hven (ahora Ven), muestra al gran hombre y a sus asistentes dentro del observatorio principal. También se pueden observar el laboratorio del sótano, el área de recepción central y el piso de observación superior.

18 | Un nuevo calendario

A PESAR DE LAS CORRECCIONES EFECTUADAS POR **J**ULIO **C**ÉSAR, EL AÑO DEL MUNDO OCCIDENTAL NO ERA DE **365** Y **6** HORAS, sino 11 minutos más breve. Pasaron siglos hasta que el error resultase evidente, pero cuando descolocó la fecha de la Semana Santa, el Papa decidió actuar.

La Semana Santa es una fiesta calculada según el calendario lunar. Los primeros líderes cristianos tomaron como referencia la resurrección y decretaron que la Pascua sería el primer domingo después de la luna llena que siguió al equinoccio vernal (primavera), un momento en que la naturaleza vuelve a la vida después de la latencia invernal.

El calendario cristiano está lleno de días importantes previos a la Pascua, como por ejemplo la Cuaresma, el período de abstinencia, por lo que era importante saber su fecha de antemano. Al calcular las fechas, el clero tenía que afinar a la hora de identificar la luna de la Cuaresma (antes del equinoccio). En ocasiones, debían echar mano de conjeturas y suposiciones, y si la luna llegaba demasiado temprano, la llamaban «traidora» o *belewe*, en inglés antiguo. Una segunda luna llena dentro del mismo mes se llama ahora «luna azul», quizás proveniente de ese término.

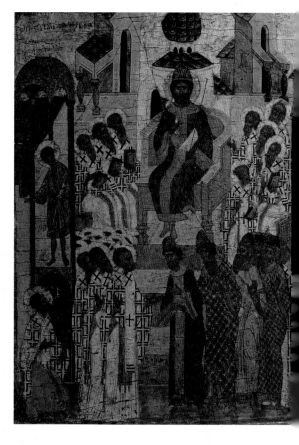

El método para fechar la Pascua se estableció en el Primer Concilio de Nicea, la primera convención de los líderes cristianos del mundo celebrada en 325 bajo los auspicios del emperador Constantino, a quien vemos en el centro del escenario y sospechosamente parecido a Cristo en esta representación del siglo xv. Al papa Gregorio le correspondió, 1 250 años después, ajustar el calendario, haciéndolo apto para el futuro.

LUNAS AZULES, DE COSECHA Y DE CAZADORES

Los meses del año son aproximaciones del ciclo lunar, porque las fases de la luna duran aproximadamente 29 días, lo que significa que hay 13 lunas llenas cada año. Una *luna azul* es una segunda luna llena en el mismo mes, un hecho bastante raro. Una *luna de cosecha* aparece alrededor del equinoccio de otoño, y se eleva poco después de que se haya puesto el Sol, y proporciona un gran brillo lunar que ilumina los campos para que los agricultores puedan continuar la cosecha hasta altas horas de la noche (ver imagen superior). La próxima luna llena, la *luna del cazador*, también ocupa el cielo vespertino, y a menudo se cierne cerca del horizonte. Se llama así porque su luz es ideal para cazar aves que migran en el otoño, y señala un momento de fiesta y abundancia.

EL RETRASO DEL TIEMPO JULIANO

Esos 11 minutos que le faltaban al año juliano provocaron que el calendario se retrasase un día respecto a la fecha real cada 128 años. A fines del período medieval europeo, en el siglo xvi, el calendario juliano se había desplazado más de una semana, lo que significaba que la Pascua se celebraba antes, en sincronía con el sol, pero fuera de lugar con el calendario. Por el contrario, los días festivos fijos, como la Navidad, avanzaban en contra del tiempo solar, muy lentamente fuera de sus estaciones tradicionales. Si no se tomaban cartas en el asunto, la Pascua y la Navidad llegarían a celebrarse el mismo día (aunque para eso faltasen varios milenios).

En 1578, el papa Gregorio xiii decidió actuar. Se dejó asesorar por expertos, principalmente por Christophorus Clavius, un matemático alemán y geocentrista acérrimo, y anunció un pequeño ajuste en el sistema juliano de años bisiestos, de modo que los años de fin de siglo (1600, 1700, etc.) no serían años bisiestos a menos que también fueran divisibles por 400. Esto tuvo el efecto de reducir el año promedio a 365 días, 5 horas, 49 minutos y 12 segundos. Gregorio quería volver a dejar el calendario en su posición original para que la Pascua llegase en primavera. Anunció que al 4 de octubre de 1582 le seguiría el 15 de octubre (más tarde se eliminó también un undécimo día).

AL FIN, UN CALENDARIO UNIVERSAL

Los sencillos ajustes de Gregorio suponen que el año no perderá un día hasta el año 3719. Sin embargo , fueron necesarios 350 años para que el calendario se adoptara de manera universal. Se aplicó en los países católicos en 1582, pero los estados protestantes tardaron más en unirse. Suecia eliminó 11 días gradualmente durante 40 años, lo que significa que utilizó un sistema de medida del tiempo único durante todo ese tiempo. El Imperio Británico (incluida América del Norte) realizó los cambios en 1752. Mientras tanto, Turquía siguió utilizando el calendario juliano hasta 1929.

19 | Un planeta magnético

TENEMOS QUE AGRADECER A WILLIAM GILBERT LA PALABRA *ELECTRICIDAD*, QUE ACUÑÓ DE LA PALABRA GRIEGA PARA «ÁMBAR». Sin embargo, a Gilbert se lo recuerda más por el magnetismo, un fenómeno asociado, y su relación con el planeta.

Fue el mismo «Padre de la Ciencia», Tales de Mileto, durante el siglo VI a. C. en Grecia, quien abordó por primera vez el asunto de la electricidad y el magnetismo. El primero está relacionado con una propiedad del ámbar (resina de árbol fosilizado). Al frotar un pedazo de ámbar se le da una carga eléctrica estática que atrae objetos livianos, como plumas o polvo. El fenómeno magnético está relacionado con *magnítis líthos*, las piedras de Magnesia (en el centro de Grecia). Ahora se las conoce como piedras de imán, trozos de óxido de hierro magnéticos por naturaleza.

La contribución de William Gilbert llegó 2 200 años después, con *De Magnete* (*Sobre el magnetismo*), publicado en 1600. En esta obra revela que todo nuestro planeta es un imán. Así como los polos opuestos de dos imanes se atraen entre sí, los puntos de una aguja de la brújula son atraídos hacia los polos de la Tierra, y señalan así las direcciones norte y sur. Gilbert lo demostró mediante una «terrella», un modelo del mundo tallado en una piedra imán. Una brújula colocada en la superficie de la terrella se comportó igual que cuando se emplea en la Tierra para la orientación. Se cree que la fuente del magnetismo del planeta es un núcleo giratorio de hierro sólido, aunque nadie ha llegado al centro de la Tierra para comprobarlo.

Una ilustración de *De magnete* muestra cómo William Gilbert fabricaba imanes al orientar el hierro ardiente de norte a sur, y después golpeándolo con un martillo.

Un antiguo dibujo de *De Magnete* muestra el campo magnético en varios puntos de la Tierra (el eje norte-sur se mueve diagonalmente de derecha a izquierda). También muestra el magnetismo de la Tierra extendiéndose al espacio en un *Orbis Virtutis*, o esfera de poder. No se obtuvo prueba directa de esto hasta el lanzamiento de los primeros satélites artificiales en la década de 1950.

20 El telescopio de Lippershey

Es difícil precisar con exactitud el origen del telescopio. La leyenda dice que el telescopio, en realidad, fue inventado por el niño de Hans Lippershey.

CUALQUIER ASTRÓNOMO SE VE LIMITADO POR SU CAPACIDAD DE ENCONTRAR PRUEBAS EN EL ESPACIO. Una sencilla innovación realizada por un constructor de lentes danés proporcionó la oportunidad de ver más lejos y con más detalle que nunca antes.

Hans Lippershey vivió en Middelburg, una capital de provincia en Holanda. Lippershey era un amolador de lentes, que daba forma a discos de cristal a mano para su uso en lectura. Había llegado a Middelburg desde su Alemania natal en 1594, pocos años después de que Zacarías Janssen, otro amolador de lentes de la ciudad, fabricase el primer microscopio al juntar dos lentes dentro de un tubo para aumentar los objetos que se viesen desde arriba. En 1608, Lippershey construyó un aparato a escala mayor que conseguía algo parecido con los objetos lejanos. La leyenda dice que el hijo de Lippershey descubrió que, disponiendo dos lentes a cierta distancia, se llegaba a ver la veleta de la iglesia más cercana. Otras posibilidad es que tomase la idea de Janssen, quien trabajaba por los alrededores y fabricase un catalejo por aquella misma época. Comoquiera que fuese, los intentos de Lippershey de ganar dinero con el «cristal de perspectivas holandés» fracasaron, ya que aparecieron multitud de imitadores.

21 Las leyes de Kepler del movimiento de los planetas

JOHANNES KEPLER NO ESTABA LIBRE DE SUPERSTICIONES —ERA UN ASTRÓLOGO PROFESIONAL— pero era el hombre adecuado en el sitio adecuado con los datos correctos y encontró la primera ley universal científica de la astronomía.

La persecución religiosa en el sur de Alemania y Austria obligó a Kepler, un luterano, a mudarse a Praga, donde se convirtió en el asistente de Tycho Brahe. El danés se había quedado sin amigos en su país de origen y se había convertido en el astrónomo de la corte del emperador Rodolfo, el sacro emperador romano. Rodolfo era un político inepto, y su reinado llevó a la ruina al mundo de habla alemana por la Guerra

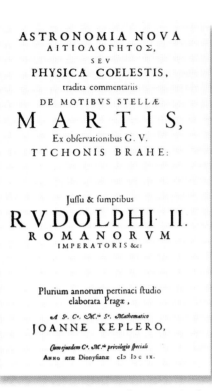

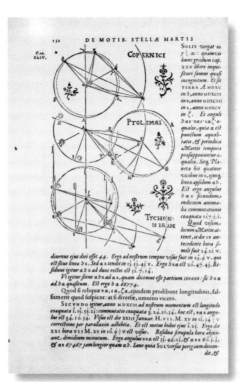

de los Treinta Años. Sin embargo, fue un ávido mecenas de las artes y las ciencias cuya influencia fue una de las semillas de la cercana revolución científica.

Tras la muerte de Tycho en 1601, Kepler heredó sus datos sobre los movimientos planetarios, que el danés había guardado celosamente en vida. A diferencia de Tycho, Kepler era un copernicano, aunque, como tantos astrónomos antes que él, asumía que los planetas giraban en círculos perfectos. Los mejores datos eran los de Marte, y Kepler pasó seis años estudiándolos. Sus conclusiones se expusieron en 1609 en *Astronomia Nova*. Los planetas no giraban en forma de círculo alrededor del Sol; lo único que tenía sentido era que se moviesen en elipses.

Con estos bocetos de *Astronomia Nova*, Kepler hace una comparación entre las descripciones del universo realizadas por Copérnico, Ptolomeo y Tycho.

Kepler hizo suyo el antiguo concepto griego de que el universo estaba matemáticamente armonizado. Antes de conocer a Tycho, intentó encontrar una forma de organizar las órbitas de los seis planetas conocidos como esferas inscritas dentro y fuera de los cinco sólidos platónicos. Publicó su sistema en *Mysterium Cosmographicum* en 1596.

CAMBIO DE ENFOQUE

La geometría de la elipse se había entendido bien desde la era clásica de la antigua Grecia; pertenecía a la familia de curvas conocidas como secciones cónicas, formadas por un plano que cortaba un cono. Una elipse tiene dos puntos focales, o focos, y la suma de las distancias desde cualquier punto de la curva a los focos es constante. Un círculo es solo una elipse especial con un solo foco.

Kepler resumió el movimiento planetario en tres leyes matemáticamente rigurosas: la primera tan solo establece que los planetas orbitan en elipses; la segunda describe cómo los planetas se mueven más rápido en áreas de la órbita que están más cerca del Sol, y más lento cuando están más lejos. En términos matemáticos, una línea entre el planeta y el Sol barre la misma área por unidad de tiempo dónde o cuándo se mire. Finalmente, la tercera ley dice que el cuadrado del período orbital (el año del planeta) es proporcional al cubo de la distancia promedio al Sol.

22 | El mensajero sideral

GALILEO GALILEI FUE UN CIENTÍFICO TAN ILUSTRE QUE LOS HISTORIADORES LO CITAN TAN SOLO POR SU NOMBRE DE PILA. En 1610, el italiano dirigió su telecopio –casero, pero el mejor de su época– hacia el cielo. Lo que vio le hizo dirigirse hacia la astronomía (y le ocasionó multitud de problemas).

A Galileo lo recordamos sobre todo por sus observaciones astronómicas y su apoyo –si bien inconsistente– al heliocentrismo, por la escuela de pensamiento que puso a la Tierra en órbita alrededor del Sol y porque entró en conflicto con las enseñanzas de la poderosa Iglesia Católica. En cualquier caso, Galileo ya había ido destruyendo el universo aristotélico (al que la Iglesia se había suscrito como una verdad divina) en su obra anterior. En 1589, la leyenda dice que dejó caer dos bolas de hierro, una mucho más pesada que la otra, desde la torre inclinada de Pisa. Anotó que cayeron «de manera uniforme», llegando al suelo al mismo tiempo. Esto era contrario a la teoría de la gravitación de Aristóteles, que afirmaba que el pesado debería caer más rápido que el más pequeño.

LUZ Y DINERO

Sin embargo, Galileo descubrió que la vida científica no lo trataba de la forma en que le gustaría. Al enterarse del invento de Hans Lippershey y darse cuenta de que los telescopios se venderían pronto en Venecia, Galileo formuló un plan para hacerse rico rápidamente. Ese artilugio alcanzaría gran valor en la gran ciudad marítima; ver antes las señales de los barcos que se acercaban, con los detalles de la carga, sería

Galileo hace una demostración de su telescopio a mandatarios venecianos. Su artilugio más potente tenía un aumento de 30x, 10 veces más que el de Lippershey.

EL TELESCOPIO REFRACTOR

Galileo hizo sus descubrimientos astronómicos gracias a un telescopio refractor. Este aparato utiliza dos lentes para enfocar y ampliar la luz de las estrellas. Los efectos de la lente de cristal curvado se conocían desde hacía siglos. La luz se refracta o cambia de dirección, ya que cruza el vidrio y sale de nuevo. La curva de una lente cambia el ángulo de la luz refractada que la atraviesa, por lo que todos los haces se enfocan en un punto del otro lado. Esto es lo que hace la lente objetivo –la grande en la parte delantera– de un telescopio: reunir luz y enfocarla en una imagen pequeña pero intensa. El papel de la lente más pequeña, el visor, es ampliar la imagen.

La segunda lente diverge la luz proveniente de la imagen, por lo que aparece al espectador como una imagen «virtual» más grande, ubicada un poco más lejos y visible con mayor detalle que el objeto original.

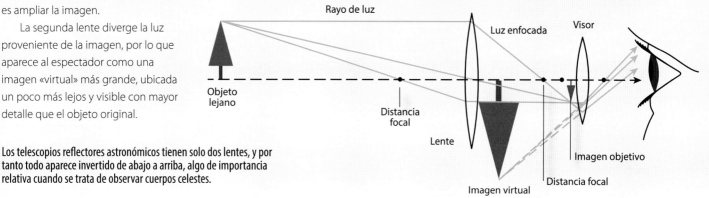

Los telescopios reflectores astronómicos tienen solo dos lentes, y por tanto todo aparece invertido de abajo a arriba, algo de importancia relativa cuando se trata de observar cuerpos celestes.

suficiente para elevar los precios en los mercados venecianos. Cualquiera equipado con un telescopio tendría ventaja. Los venecianos encargaron a Galileo que fabricase uno propio en lugar de pagar al inventor holandés. La versión de Galileo era aún más potente y de golpe, como recompensa, su salario como académico se duplicó.

EN LA NOCHE

Galileo no fue la primera persona en utilizar un telescopio para observar los cuerpos celestes, pero su libro de 1610, *Sidereus Nuncius (El mensajero sideral)*, es el primer documento científico sobre el asunto. El gran astrónomo se percató de que Venus, el objeto más brillante del cielo, atravesaba fases, como la Luna. Eso significaba que, a menudo, el lado iluminado del planeta solo era parcialmente visible desde la Tierra. ¿Cómo podría ser eso si orbitase la Tierra como dictaba el dogma de la Iglesia? Las pruebas apuntaban a una órbita terrestre alrededor del Sol. Galileo dirigió su atención a Júpiter y observó que el planeta estaba rodeado de tres estrellas. Cada noche, estas «estrellas» se movían, y unos días después apareció un cuarto. Galileo se dio cuenta de que estaba mirando cuatro lunas que orbitaban Júpiter. Pero en el universo de Aristóteles todo se movía alrededor de la Tierra. A medida que se difundió la noticia de estos descubrimientos, Galileo vio cómo se llevó su caso ante la Inquisición (los guardianes del dogma de la Iglesia). Los teólogos declararon que la idea de que el Sol era un objeto estacionario era completamente absurda, y a Galileo se le ordenó retractarse de su teoría. Se resistió a hacerlo durante varios años, pero finalmente fue juzgado por herejía y se vio obligado a retractarse para evitar la cárcel. En 1992, el Vaticano se disculpó por el maltrato a Galileo.

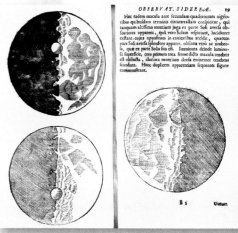

Galileo realizó muchos dibujos de la Luna, en los que estudiaba sus sombras en el terminador –la línea que separa la zona de luz de la zona de sombra– para mostrar cadenas montañosas y otros paisajes alienígenas.

23 | El tránsito de Venus

KEPLER NO VIVIÓ PARA VER LA ACEPTACIÓN DE SU DESCRIPCION MATEMÁTICA DEL MOVIMIENTO PLANETARIO EN EL MUNDO CIENTÍFICO. Pero poco después de su muerte, un astrónomo aficionado utilizó las leyes del alemán para demostrar que la órbita de Venus pasaría justo frente al Sol en 1639.

Jeremiah Horrocks era el párroco de una iglesia en la zona rural de Lancashire, pero había recibido una buena base del trabajo de Copérnico, Galileo y Kepler mientras estudiaba en la Universidad de Cambridge. Las tablas más populares de la órbita de Venus eran del holandés Philippe van Lansberge, y el mismo Kepler las había usado para predecir que Venus pasaría muy cerca del Sol en 1639. Horrocks hizo sus propias observaciones de Venus y estaba seguro que las de Lansberge eran inexactas: Venus realmente transitaría, pasaría frente al Sol, el 24 de noviembre de ese año. Horrocks enfocó el Sol a través de un telescopio en una cartulina. En efecto, a las 15:15, vio un pequeño punto en la superficie: la sombra del planeta Venus. Las matemáticas de Kepler se confirmaban como una herramienta astronómica perfecta.

En 1859, se colocó una vidriera en la iglesia de San Miguel en Hoole, Lancashire, en la que se mostraba a Jeremiah Horrocks, párroco en su momento, observando a Venus en su tránsito por el Sol. Se lo ve usando una sábana en lugar de una cartulina para mostrar el brillo de la imagen.

24 | Huygens ve los anillos de Saturno

LA VISIÓN A TRAVÉS DE LOS PRIMEROS TELESCOPIOS DISTABA DE SER PERFECTA. Las lentes realizadas a mano solían distorsionar la imagen del cielo, y la luz de los diferentes colores se enfocaba sobre distintos puntos. Solo cuando esta aberración cromática se corrigió, se consiguió el detalle preciso.

Recordamos las observaciones de Galileo por cambiar el panorama general, pero no son muy profundas en cuanto a detalles. Resulta difícil encajar sus dibujos de rasgos lunares con la realidad: sin lugar a dudas, su telescopio ofrecía una imagen muy distorsionada. El descubrimiento principal era que Galileo pudo ver por primera vez que la Luna no era un astro liso, sino un mundo propio con una superficie tan rugosa como la de la Tierra. También descubrió que Júpiter tenía cuatro lunas propias, y que Saturno era en realidad tres cuerpos, uno grande, dos pequeños, que se mantenían muy juntos… Esto último era obviamente un artefacto, una distorsión, de su tosco instrumento, lo que confundió aún más las cosas cuando los dos bultos exteriores desaparecieron de la vista al poco tiempo, para reaparecer en 1616. Hasta 1655, con los avances en la tecnología del telescopio, no se pudo mostrar que estas «lunas»

protuberantes eran, en realidad, el famoso sistema de anillos de Saturno, que en ocasiones apenas es visible cuando el planeta se ve de lado.

Quien recibe el honor de este descubrimiento es Christiaan Huygens, el gran científico holandés (que también inventó el reloj de péndulo y el motor de combustión interna). Huygens redujo la aberración cromática de su telescopio mediante una lente grande y fina; el vidrio más delgado causaba menos distorsión. Huygens se dio cuenta de que la función de esta lente era recoger la luz del cielo, no magnificarla, y construyó telescopios aéreos largos, prescindiendo por completo de un tubo. La lente grande se colocaba sobre un mástil alto, mientras que el astrónomo, a ras de suelo, utilizaba un visor para inspeccionar la imagen formada. Aunque es difícil de mantener estable, esos dispositivos realizaron varios descubrimientos hasta que los telescopios reflectores los superaron.

Los anillos hicieron su primera aparición en el *Systema Saturnium* de Christian Huygens, en 1659.

25 | El telescopio reflector de Newton

UNA MANERA SENCILLA DE EVITAR EL PROBLEMA DE LA ABERRACIÓN CROMÁTICA EN LAS LENTES TELESCÓPICAS es fabricar uno que recoja la luz con espejos.

Poco después de la invención del telescopio refractor, Galileo y otros habían especulado sobre la posibilidad de utilizar un espejo curvo para formar la imagen. Pensaban que la luz que llegaba de las estrellas podría reflejarse otra vez en un punto que podría ampliarse con una lente ocular. Todos los intentos de hacer un espejo que pudiera reflejar una imagen nítida fracasaron hasta que apareció Isaac Newton, en 1668. Mejoró la superficie curva de una aleación de estaño y cobre, que pulió bien. Este espejo principal se alojaba en el extremo de un tubo de madera y reflejaba una imagen en un segundo espejo más pequeño cerca de la abertura (el extremo abierto del tubo). La imagen se redirigía a una lente ocular en el extremo del dispositivo. Fue el telescopio lo que colocó a Newton (con solo 26 años) bajo la atención del mundo científico: su teoría de la gravedad y el cálculo quedaban a décadas de distancia (los telescopios ópticos más potentes del mundo de la actualidad siguen siendo reflectores).

El primer telescopio reflector de Newton se ha perdido; el segundo fue donado a la Royal Society de Londres.

26 | Los meridianos

LA ERA DE LAS EXPLORACIONES DIO PASO A UNA SUCESIÓN DE IMPERIOS MARÍTIMOS, Y LA ASTRONOMÍA TOMÓ UN PAPEL PREPONDERANTE. Los astrónomos establecían la hora exacta y proporcionaban datos de navegación para las flotas mercantes que cruzaban los océanos. Y las técnicas empleadas para estudiar el cielo se aplicaron para trazar mapas de las posesiones territoriales, tanto las nuevas como las viejas.

Todo mapa necesita de un punto de referencia desde el que medir el resto de puntos. Si nos referimos a una esfera como la terrestre, dicha referencia toma la forma de unos grandes círculos que dividen el globo por la mitad. El ecuador es uno de esos círculos que hay entre los dos polos. Todo punto sobre la Tierra tiene una latitud, bien al norte, bien al sur de esa línea. Pero no ocurre lo mismo con tanta naturalidad con un meridiano, una gran línea circular que atraviesa ambos polos, que se toma como referencia para establecer la longitud, que da la medida de una posición al este o al oeste.

En el Tratado de Tordesillas, firmado en 1494, España y Portugal establecieron un meridiano de 370 leguas (1 786 km) al oeste de las islas de Cabo Verde (una reciente adquisición portuguesa). Todo lo que quedase al oeste sería posesión para los españoles; los lusos se establecerían al este. La rica costa de lo que hoy es Brasil quedaba en el hemisferio oriental, razón por la que este país goza de una herencia portuguesa, mientras que la de sus vecinos es española.

Este mapa del Canal de la Mancha muestra las triangulaciones que conectan los meridianos de Greenwich y París, lo que permite comparar los mapas elaborados por los sistemas del país rival.

PRIMERO PARÍS, LUEGO LONDRES

Quince siglos antes, Ptolomeo había propuesto que el punto de tierra firme más al oeste debería ser el meridiano 0 (dado que la mayoría del mundo conocido quedaba hacia el este). En 1634, las autoridades francesas se inspiraron en este principio y situaron dicho meridiano en El Hierro, la más occidental de las Islas Canarias. En 1667, el meridiano se cambió a París, para que pasase justo por el flamante Observatorio de París. Una de las funciones de este cambio era observar el paso del sol sobre el meridiano, lo que indicaba el momento exacto del mediodía (las horas

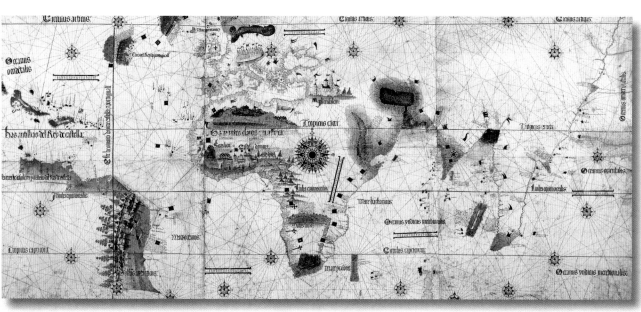

En la Sala Octogonal del Royal Observatory de Greenwich es donde John Flamsteed y el resto de astrónomos reales efectuaron la mayoría de sus observaciones. Tiene una esfera de colo rojo para medir el tiempo, que se eleva a diario a las 12:58 y cae justo a las 13:00. Su sentido original era ofrecer un señal horaria para los londinenses y para los barcos que se preparaban para zarpar de los muelles de Londres Támesis abajo.

de la mañana son a. m., o *ante meridian*, mientras que por la tarde se denominan p. m., o *post meridian*). Por supuesto, este aparente movimiento solar ya se entendía como consecuencia de la rotación de la Tierra. Si esta daba una vuelta de 360° en 24 horas, se desplazaba un grado cada cuatro minutos. En 1670, el sacerdote Jean Piccard calculó el tamaño de un grado de longitud: 110,46 km.

Los británicos decidieron que también ellos necesitaban un instituto astronómico, así que su Observatorio Real se erigió en Greenwich, una colina al este de la ciudad de Londres, en 1676. La institución la dirigiría un astrónomo de prestigio, siendo el primero de ellos John Flamsteed. Él y sus sucesores utilizaron diversos meridianos que pasaban por el observatorio. El meridiano de Greenwich que hoy conocemos no se fijó hasta 1851.

27 | La velocidad de la luz

MUCHOS CIENTÍFICOS INTENTARON MEDIR LA VELOCIDAD DE LA LUZ. Sin embargo, los experimentos terrestres no arrojaban buenos resultados dada la altísima velocidad. Se necesitaba una solución astronómica.

En sus últimos años de vida, Galileo afirmaba haber intentado medir la velocidad de la luz utilizando el tiempo que tarda la luz de las linternas en viajar entre los observadores. No logró llegar a una cifra, pero aseguró que era un valor finito. Johannes Kepler, por otro lado, pensó que la luz ocupaba el espacio infinito instantáneamente. Al final, fueron las lunas galileanas de Júpiter las que dieron la primera respuesta real. En 1676, Ole Rømer, que trabajaba en el Observatorio de París, comparó las observaciones de Ío (las cuatro lunas habían recibido el nombre de diversas conquistas amorosas de Júpiter) con su movimiento predicho por las leyes de Kepler. Ío queda oculta cuando se mueve detrás de Júpiter, pero Rømer conocía las horas exactas en que Ío surgiría a la vista. Sin embargo, descubrió que la Luna apareció 10 minutos tarde y se dio cuenta de que era el tiempo que su luz tardaba en llegar a la Tierra. Los retrasos se hicieron algo más largos cuando la Tierra se alejaba de Júpiter en su órbita alrededor del Sol. Rømer calculó que la luz viajaba a 220 000 km/s, cerca de un 25 % más lento que el valor real.

Ole Rømer observa el cielo con su telescopio, rodeado de otros instrumentos, en el Observatorio de París.

28 La ley de gravitación universal

ARISTÓTELES HABÍA ESTABLECIDO QUE LOS OBJETOS GRANDES Y PESADOS CAÍAN AL SUELO ANTES QUE LOS MÁS PEQUEÑOS. Galileo, a primeros del siglo XVII, demostró que los objetos caían a la par, casi al mismo tiempo en el que Kepler se preguntaba qué hacía que los planetas se desplazasen en sus órbitas. ¿Era a causa del magnetismo? Isaac Newton explicó que todo estaba bajo una única fuerza llamada gravedad, regida por una sencilla ley universal.

Newton propuso que la Luna se considerase como un proyectil. Un proyectil sigue un trazado curvo que es empujado hacia la Tierra por la gravedad. La superficie de la Tierra también es curva, así que si el proyectil viaja lo suficientemente rápido, su trazado curvo seguirá la curva de la Tierra, y «caerá» poco a poco sobre ella. Si la velocidad del proyectil aumenta, el trazado que toma sobre la Tierra tomará forma de elipse.

Galileo había demostrado en sus experimentos que la distancia que recorre un cuerpo bajo la gravedad es proporcional al cuadrado del tiempo que cae: una bola que cae durante dos segundos, recorre cuatro veces más que el mismo objeto que cae durante uno. También demostró que la velocidad de una pelota era directamente proporcional a la duración de la caída, y dedujo que un proyectil disparado hacia arriba seguía una trayectoria parabólica, una de las secciones cónicas, y por lo tanto está relacionado con las elipses del movimiento planetario de Kepler. ¿Había alguna conexión?

Cuando la Universidad de Cambridge cerró a mediados de la década de 1660 para evitar la Gran Peste que entonces se extendía por Inglaterra, Newton regresó a la granja de su familia, y allí formuló su ley de gravedad, aunque la mantuvo en silencio durante otros 20 años (la historia de la manzana que cae no llegó hasta que un octogenario Newton contaba historias junto al fuego después de una gran cena). Propuso que todo en el universo produce una fuerza gravitatoria que atrae otros objetos hacia él (como una manzana que cae al suelo), y también es la fuerza de la gravedad la que determina los caminos que las estrellas, los planetas y todos los demás objetos siguen a través del espacio.

EL CUADRADO INVERSO

Newton pudo calcular la tasa de aceleración de la Luna bajo la gravedad de la Tierra y descubrió que era miles de veces más pequeña que la de cualquier cosa más cercana (esa manzana, de nuevo). ¿Cómo podría ser si estaban bajo una fuerza idéntica? La explicación de Newton fue que la fuerza de la gravedad se debilitaba por la distancia. Un objeto en la superficie de la Tierra está 60 veces más cerca del centro de la Tierra que la Luna. La Luna experimenta una fuerza de gravedad que es $1/3600$ o $1/(60)^2$ de la de la manzana. Por lo tanto, la fuerza de gravedad entre dos objetos es inversamente proporcional al cuadrado de la distancia que separa esos objetos, ya sean la Tierra y una manzana, la Tierra y la Luna, o el Sol y un cometa. Se dobla la distancia y la fuerza se reduce a un cuarto, se triplica la distancia y la fuerza se reduce a un noveno, y así sucesivamente. La fuerza también está determinada por las masas de los objetos: cuanto mayor es la masa, mayor es la fuerza de la gravedad. Dicho de otra manera, $F=G(Mm/r^2)$. La fuerza de la gravedad es igual a una gran masa M, multiplicada por una pequeña masa m, dividida por el cuadrado de la distancia entre ellos r^2, todo multiplicado por la constante gravitacional G. La constante, conocida como «G mayor» («G menor» es la aceleración debida a la gravedad) determina la atracción entre dos masas cualquiera en cualquier parte del universo. Se usó para calcular el peso de la Tierra, en 1789 (6 x 10^{24} kg). Las leyes de Newton funcionan bien para predecir las fuerzas y el movimiento de dos objetos. Lo que sucede cuando se suma uno más es mucho más complejo y condujo (300 años después) a las matemáticas del caos.

29 | El cometa Halley

EL TÉRMINO «COMETA» SIGNIFICA «ESTRELLA DE COLA LARGA» EN GRIEGO. Así veían ellos a estos extraños y misteriosos visitantes del cielo nocturno. En 1705, un astrónomo inglés se ganó un nombre (y el de un cometa) gracias a las leyes de la gravedad de Newton.

La tabla de datos del cometa de Edmond Halley, de su libro *Una sinopsis de la astronomía de los cometas*, de 1705, mostraba que los cometas orbitaban alrededor del Sol, con órbitas muy excéntricas.

Hubiera sido difícil que los cometas hubiesen pasado inadvertidos en las noches prehistóricas, mucho más visibles que en nuestro cielo contaminado de luz. Aristóteles los abordó en su libro sobre meteorología, afirmando que eran de carácter atmosférico más que astronómico. Esta idea se mantuvo durante mucho tiempo, más allá de la Revolución Copernicana. Incluso cuando Tycho Brahe demostró que los cometas iban mucho más allá de la Luna, el gran Kepler y Galileo se negaron a aceptar que estos eran cuerpos controlados por las mismas leyes que los planetas.

Sin embargo, eso fue lo que el astrónomo inglés Edmond Halley pensó. Cuando armonizó una lista de cometas y sus órbitas, basada en observaciones que se remontaban a la década de 1300, observó que tres cometas vistos en 1531, 1607 y 1682 tenían la misma órbita. Aplicó las leyes de movimiento y gravedad de Newton a las fechas para predecir que en realidad eran el mismo objeto que orbitaba el Sol cada 76 años (pasando brevemente por la Tierra a medida que se acercaba). Regresó, tal y como se esperaba, en 1758, desde entonces se lo conoce como el cometa Halley.

POR DESGRACIA, PARA ALGUNOS

Quizás porque no estaban bajo los límites del zodiaco, la imagen de un cometa se solía considerar como el heraldo de alguna desgracia, así que no eran especialmente bien recibidos. El paso de un cometa era toda una noticia, y la visita del cometa Halley en 1066 se recordó en el tapiz de Bayeux (abajo). Se dice en él: «Esos hombres preguntan a las estrellas», una especie de aviso a los ingleses de la próxima invasión de los normandos. Por supuesto, los vikingos también atacaron poco antes por el otro extremo del país, así que, desde luego, fue un mal año para los ingleses.

30 | La forma de la Tierra

EN SU TRATADO SOBRE LA FORMA DE LA TIERRA, ARISTÓTELES HACÍA REFERENCIA A CÓMO UN OBJETO QUE COLAPSASE HACIA SU CENTRO FORMARÍA UNA ESFERA. Hacia el siglo XVIII, los astrónomos profesionales estaban de acuerdo en que la forma centrífuga generada por el giro de la Tierra provocaba que el planeta se abultase. Pero, ¿en qué dirección?

Christiaan Huygens había deducido que la Tierra estaba aplastada en los polos como una naranja –el término matemático utilizado era esferoide achatado– y los cálculos gravitatorios de Isaac Newton respaldaban esta idea. René Descartes pensaba lo contrario, y una encuesta de campo realizada por Jacques Cassini, el director del Observatorio de París (tras haber reemplazado a su padre Giovanni, más recordado hoy), descubrió que las distancias cubiertas por un grado de latitud (moviéndose hacia el norte por Francia) parecían aumentar. Eso indicaba que la Tierra era más como un limón, más alta que redonda (o prolata, en la jerga).

Era crucial descubrirlo, no solo con fines científicos, sino también para garantizar que los mapas, y las líneas de latitud y longitud marcadas sobre ellos, fueran representaciones precisas de la superficie del planeta. Eso significaba tener mediciones exactas de las circunferencias polares y ecuatoriales de la Tierra. No eran exactamente iguales, y cualquiera que fuera la más grande, ambas podrían usarse para calcular una distancia media para un arco de un grado.

La misión francesa de 1736 a Laponia se las tuvo que ver con temperaturas bajo cero para estudiar el meridiano . Unos 60 años después, el cuarto de meridiano que iba del polo norte al ecuador se utilizó para definir el nuevo valor del metro en el sistema métrico. La longitud del arco se fijó en 10 millones de metros.

MISIONES GEODÉSICAS

Lo que se necesitaba era una nueva ciencia, la geodesia, el estudio de la forma de la Tierra. Para responder a la pregunta fundamental de este nuevo desafío, el rey francés Luis xv envió dos misiones. La primera era para medir un arco de meridiano en el ecuador. En 1735, un equipo partió hacia el territorio español de Quito (ahora Ecuador) donde pasó un total de cuatro años hasta regresar a Francia con sus resultados. Mientras tanto, otro equipo, en el que estaba el sueco Anders Celsius (antes de hacerse famoso con su escala de temperatura centígrada), fue a Laponia, cerca del Polo Norte, donde midieron una longitud de arco similar a la misión ecuatorial. Ambos resultados mostraron claramente que Huygens y Newton estaban en lo correcto. Vivimos en un planeta achatado.

31 | El mapa del cielo austral

NICOLAS LOUIS DE LACAILLE NO FUE EL PRIMER ASTRÓNOMO EN ESTUDIAR el cielo al sur del ecuador, pero sin duda que dejó una gran huella.

Los informes geodésicos dieron una idea de la forma del hemisferio norte, pero ¿qué pasaba con la zona sur? Medir un arco meridiano meridional era uno de los objetivos de la misión en Sudáfrica del francés Nicolas Louis de Lacaille, a principios de la década de 1750. Sus medidas indicaron que la Tierra tenía forma de huevo (con la punta hacia abajo), pero luego se demostró que era un error. Sin embargo, ahora se recuerda el viaje de Lacaille por su estudio de las estrellas, que sumó 14 constelaciones al cielo (más que cualquier otra persona, antes o después). Todo un ejemplo de hombre de la Ilustración, Lacaille vio las herramientas del arte y la ciencia en el cielo, no figuras que representaban a mitos. En sus constelaciones hay un telescopio, un reloj, un caballete, un cincel y Antlia, «la bomba de aire», un dispositivo inventado el siglo anterior por Denis Papin y utilizado por Robert Boyle para estudiar las propiedades de los gases. Los resultados de los experimentos de Boyle comenzaron a revelar la naturaleza de la materia en la Tierra y en el espacio.

El planisferio de Lacaille amplía las constelaciones plagadas de mitos y monstruos hacia el sur, pero con motivos más modernos.

32 Navegación astronómica

ORIENTARSE POR LAS ESTRELLAS NO FUE UN DESCUBRIMIENTO CIENTÍFICO. **L**OS MARINEROS DE LA ANTIGÜEDAD SABÍAN QUÉ CONSTELACIONES LOS LLEVABAN HASTA DETERMINADOS PUNTOS, MÁS O MENOS. Sin embargo, fue necesaria la innovación científica y la producción industrial para que el cielo revelase cualquier punto del planeta: en tierra o en mar, de día o de noche.

En el mundo antiguo, la navegación, aunque no libre de riesgos, se solía limitar a surcar las costas (o tal vez a cruzar mares estrechos, como el Mediterráneo). Los viajes largos se restringían a la estación más favorable, y un capitán podía determinar la dirección que necesitaba desde la salida a la puesta del sol, manteniendo ciertas constelaciones a la vista. Podía ser un poco impredecible, pero rara vez un barco quedaba lejos de la tierra, e incluso si extraviaba el rumbo previsto, resultaba bastante fácil trazar una nueva ruta.

Algunos marinos se aventuraron más lejos, por supuesto. La cultura polinesia se extendía a saltos de isla a isla, en largos trayectos, confiando en mapas hechos con palillos atados, viajando por las corrientes oceánicas que conectaban dichas islas. Los riesgos eran altos, con muchas bajas en cada intento.

Este explorador del siglo xvii utiliza un cuadrante de Davis y una brújula para situar objetos celestes. Estos aparatos delicados solo podrían usarse con precisión sobre tierra.

AVANCE CIENTÍFICO

En 1418, el príncipe Enrique de Portugal creó una escuela de navegación. Para Portugal, en la periferia occidental de Europa, el Océano Atlántico era una puerta a nuevas oportunidades que el príncipe, ahora recordado como Enrique el Navegante, estaba dispuesto a explotar con mejores barcos y nuevas técnicas de navegación. Por entonces, la brújula ya se usaba desde hacía más de 200 años (aún antes en China) pero no medía distancias.

Desde Aristóteles hasta Eratóstenes, los antiguos astrónomos a menudo se referían a cómo la altura –medida como ángulos sobre el horizonte– de las estrellas más importantes cambiaba en los viajes largos hacia el norte o hacia el sur. Sabrían de este fenómeno por lo que contaban los marinos que, por ejemplo, vieron la Estrella

Polar elevarse mientras navegaban hacia el norte, desde Alejandría a las ciudades del Egeo, mientras que bajaba en el viaje de regreso. Lo que se necesitaba era una forma de vincular estas alturas a una latitud específica. Los navegantes islámicos transformaron los datos astronómicos, originalmente destinados a utilizarse en astrología, en almanaques, un registro de las posiciones de las estrellas fijas y errantes durante todo el año.

El primer sextante fue fabricado en 1757 por el inglés John Bird. Se llamó así porque su arco cubre un sexto de círculo (60°). El dispositivo suponía refinar un pequeño aparato llamado octante (un octavo de círculo) inventado hacia 1740 (se dice que Isaac Newton inventó uno en 1699, pero que no se lo dijo a nadie).

LA OBTENCIÓN DEL ÁNGULO CORRECTO

Las herramientas astronómicas, como la vara de Jacob o el astrolabio, se reutilizaron para su uso en la navegación. Los estudiantes de la academia portuguesa utilizarían un astrolabio de marinero simplificado, un círculo graduado con una alidada, o un visor giratorio, para alinearse con un cuerpo celeste, como la Estrella Polar. ¿Y entonces? Es más fácil de explicar llevándolo a los extremos. La Estrella Polar se llama así porque está (casi) en el polo norte celeste, justo sobre el polo norte de la Tierra. Cuando su altura es de 90°, es decir, justo arriba, la latitud del observador es de 90° N, justo en el polo norte. Cuando la altitud de la estrella es de 0°, o, en otras palabras, está en el horizonte (y en realidad no se puede ver), la latitud del observador también es de 0°: está navegando por el ecuador. No resultaba tan sencillo para el Sol, el objeto más grande y brillante del cielo –y el único visible durante el día–, pero en el siglo xv, los astrónomos compilaban constantemente tablas de almanaque que daban la latitud para cualquier altura solar en cada día del año.

Edmond Halley hizo un mapa del océano Atlántico dirante un viaje a finales de la década de 1690. Las líneas del mapa son isogónicas: muestran variaciones geográficas en lecturas de la brújula (lo que la cifra que la alineación horizontal de la aguja brújula dista del norte geográfico) como una manera de que los marineros determinasen su posición.

UN SEXTO DE CÍRCULO

La precisión era vital; unos pocos grados se traducirían en cientos de kilómetros de error. El astrolabio de círculo completo también tenía sus límites, en cuanto que medía la altura relativa a sí mismo, por lo que primero tenía que alinearse con el horizonte, lo que era casi una hazaña sobre una cubierta en alta mar. Una serie de dispositivos más pequeños y prácticos fueron evolucionando poco a poco, en lo que acabó siendo el sextante. Tenía un sistema de espejos que permitía al usuario ver el sol (u otro objeto) y el horizonte al mismo tiempo; al alinearlos aparecía el ángulo relativo. Los almanaques listaron las alturas solares máximas, lo que significaba que las mediciones tenían que realizarse al mediodía, cuando el sol estaba más alto. Este momento del día pronto se convirtió en crucial para encontrar la longitud y la latitud.

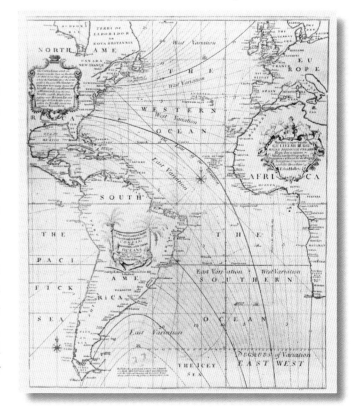

33 | La longitud

LA ORIENTACIÓN POR EL CIELO SERVÍA PARA ESTABLECER POSICIONES AL NORTE O AL SUR, pero determinar la ubicación al este o al oeste no era tan sencillo. En el siglo XVIII, el gobierno británico ofreció un gran premio a quien pudiera resolver el crucial asunto de la longitud.

La Tierra gira de oeste a este, y hace un giro completo cada 24 horas (minuto más o minuto menos), y este movimiento es lo que crea el movimiento aparente del Sol a través del cielo cada día, así como el barrido de las estrellas por el cielo nocturno. Para calcular la latitud, los navegadores medían la altura máxima de un cuerpo celeste. Por lo general, este era el Sol, que se eleva en el cielo hasta el mediodía y luego comienza su viaje de regreso al horizonte. Esa altitud del mediodía es constante donde quiera que nos encontremos en una línea de latitud (paralelo), desde Massachusetts hasta Mongolia. Sin embargo, el mediodía en estos lugares no ocurre al mismo tiempo; cuando es mediodía en Massachusetts ya está oscuro en Mongolia.

TOMÁNDOSE SU TIEMPO

Los astrónomos sabían que la Tierra giraba 15° cada hora, por lo que una ubicación 15° al oeste de otra tendría mediodía una hora más tarde. Una hora antes, y estamos al este. ¿Fue esta la solución al problema de la longitud? Comparemos el mediodía local con la hora en un meridiano –los de París o Greenwich, por ejemplo– para calcular nuestra posición hacia el este o el oeste. El problema residía en que la tecnología del reloj no estaba preparada: era como cargar una supercomputadora en un cohete, demasiado costosa, muy voluminosa y que podría salir mal en un viaje largo.

El cronómetro marino de John Harrison usaba un muelle en lugar de un péndulo. El H5, que vemos arriba, fue el último que fabricó. En 1772, en un intento de ganar el premio del Problema de la Longitud, Harrison envió su H5 al rey Jorge III para mostrarle lo preciso que era, y poder ganar así su apoyo. Al año siguiente, Harrison recibió 8 750 libras esterlinas, algo más de un millón de euros de hoy.

UN PROBLEMA DE LOCOS

El progreso del libertino es una serie de pinturas y grabados realizados por el artista satírico británico William Hogarth en la década de 1730. El tema central fue el ascenso y la caída de un joven que hereda una fortuna tan solo para malgastarla. Entre las ocho escenas, Hogarth incluye varios chistes sobre la sociedad del siglo XVIII. En la imagen final ve al libertino admitido en un manicomio. En el fondo, otros internos son atormentados por la locura (más un par de damas de moda que han venido a verlos por diversión). Dos hombres en el centro de la imagen están trabajando en el Problema de la Longitud; uno busca una respuesta en el cielo mientras el otro contempla un dibujo del globo. El mensaje de Hogarth es claro: el problema de la longitud te vuelve loco.

EL RELOJ Y LA INTUICIÓN SE UNEN

Los marineros solo podían apreciar la longitud a base de estimaciones. Medían la velocidad dejando ir una cuerda y contando la cantidad de nudos que pasaban en 30 segundos. Los nudos de la cuerda estaban separados 14 m y una velocidad de 1 nudo era equivalente a una milla náutica por hora (1,85 km/h). Una milla náutica es la distancia de un minuto de arco meridiano. Una velocidad (muy lenta) de 1 nudo hacia el este o el oeste significaría que el barco se desplazaba un grado (60 minutos) de longitud cada 60 horas.

La navegación por estima solía acabar en desastre. La Junta Británica de Longitud se creó para administrar el premio después de un gran naufragio (con 1 400 muertes) en 1707, causado por un error de navegación. La junta estaba presidida por astrónomos, convencidos de que en el cielo estaba la respuesta. El método principal consiste en medir la distancia angular entre la Luna y otro cuerpo. Si bien este sistema de distancia lunar funciona, al final el problema de longitud fue resuelto por la tecnología. El relojero John Harrison pasó 30 años convenciendo a la junta de que sus innovadores relojes navales, o cronómetros marinos, eran precisos para su uso en la orientación náutica y cumplían con los criterios del premio. En 1773, en los últimos años de su vida, Harrison fue recompensado por su trabajo, pero sus relojes se vieron como demasiado caros y nunca ganó, oficialmente, el premio.

34 La edad de la Tierra

EN 1779, EL CONDE DE **BUFFON**, UN NOBLE FRANCÉS, DESAFIÓ LA CREENCIA **GENERALIZADA** de que la Tierra había sido creada en el 4004 a. C., mediante una de las primeras investigaciones científicas para establecer la edad de la Tierra.

El conde de Buffon era el director del Jardín del Rey, los jardines reales botánicos de Francia. Su obra tuvo una gran influencia tanto en la astronomía como en la biología, como por ejemplo en la obra de Charles Darwin y su teoría de la evolución.

Georges-Louis Leclerc, conde de Buffon, era en realidad más naturalista que astrónomo, pero sus indagaciones sobre historia natural lo llevaron a preguntarse sobre los orígenes de la Tierra y el Sistema Solar. También matemático consumado, rechazó la idea de que la Tierra hubiese sido creada en 4004 a. C., como indica una lectura literal de las fechas en la Biblia. Su teoría era que la Tierra se formó cuando un cometa chocó con el Sol y este había perdido calor de manera constante; todavía estaba muy caliente bajo su superficie. Sabía que el campo magnético de la Tierra indicaba que el planeta estaba formado en gran parte por hierro. Así que pensó que podía usar la velocidad a la que este metal se enfriaba para estimar la edad de la Tierra. Calentó una pequeña esfera de hierro al rojo vivo, esperó a que se enfriase y luego extrapoló sus resultados para encontrar el tiempo que tardaría en enfriarse una esfera del tamaño de la Tierra. Su respuesta de 75 000 años, aunque equivocada, por supuesto, suponía una pista de que el planeta era mucho más viejo de lo que se pensaba.

35 | Un planeta nuevo

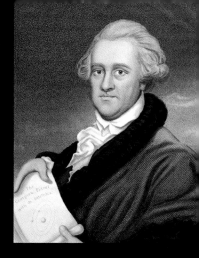

LOS CINCO PLANETAS (QUITANDO A LA TIERRA) SE CONOCÍAN DESDE LA ANTIGÜEDAD; NADIE LOS DESCUBRIÓ, SIEMPRE HABÍAN ESTADO ALLÍ. Hasta que en 1781 se observó un séptimo planeta y su descubridor tenía un nombre: William Herschel.

Cuando hizo el descubrimiento, William Herschel, un inmigrante alemán, era un astrónomo aficionado. Trabajaba como director de orquesta en la ciudad de Bath, en el oeste de Inglaterra, y pasaba las tardes libres en su jardín, inspeccionando el cielo con un telescopio reflector que él mismo había ensamblado (aunque era muy efectivo). Le ayudaba su hermana Caroline, ocasional solista soprano en los conciertos de su hermano.

El telescopio de 40 pies (12 m) de Herschel fue el más grande el mundo hasta 1840.

William Herschel retratado con sus notas sobre Urano —aún llamado Planeta de Jorge por entonces— y sus dos lunas, Titania y Oberón. Herschel descubrió las lunas en 1787. En 1850, su hijo John les dio el nombre de dos personajes de Shakespeare. Todas las lunas de Urano reciben su nombre de personajes de la literatura inglesa.

DISCO ERRANTE

El 13 de marzo de 1781, Herschel dirigió su telescopio hacia Géminis y vio un objeto brillante que tomaba una forma de disco peculiar, ya que incluso las estrellas más grandes y brillantes solo ofrecen un punto de luz. En principio, Herschel pensó que había encontrado un cometa y siguió sus movimientos durante varios meses. Por entonces, otros astrónomos, como el del Royal Observatory, Nevil Maskelyne, ya observaban el objeto, que Herschel había llamado *Georgium Sideris* (Estrella de George) como el rey de su patria adoptiva (un estudio posterior reveló que la primera persona en registrar este cuerpo fue John Flamsteed, el primer Astrónomo Real, 90 años antes, pero lo confundió con una estrella). Cuando se cruzaron datos quedó claro que el descubrimiento de Herschel era un séptimo planeta. El halago al rey valió la pena, y Herschel fue elevado al Astrónomo del Rey y se mudó (con Caroline) a vivir cerca del castillo real en Windsor.

DE TAL PALO, TAL ASTILLA

El planeta fue llamado Urano por el alemán Johann Bode, quien propuso que dado que Saturno era el padre de Júpiter, el siguiente planeta debería ser el padre de Saturno. Bode también descubrió que la posición de la órbita de Urano obedecía lo que se conoció como la ley de Bode: asignó la progresión 0, 3, 6, 12… a los planetas (la Tierra tenía el 6), luego sumó 4 y dividió entre 10. El resultado de la Tierra era 1 y los de los otros planetas resultaban buenas aproximaciones a sus distancias relativas hasta el Sol. Esta ley fue útil cuando empezó la búsqueda del octavo planeta.

«EL GRAN 40 PIES»

A finales de la década de 1780, el rey Jorge III pidió a William Herschel, por entonces el más famoso astrónomo del mundo, que construyese el telescopio más grande del momento cerca de su castillo de Windsor. La distancia focal –el punto donde el espejo del telescopio enfoca la imagen– era de 40 pies, por lo que el aparato se pasó a conocer como el Gran Telescopio 40 Pies. Este artilugio tenía un solo espejo, que dirigía la imagen hacia una plataforma de visión bajo el diafragma.

36 | Los objetos Messier

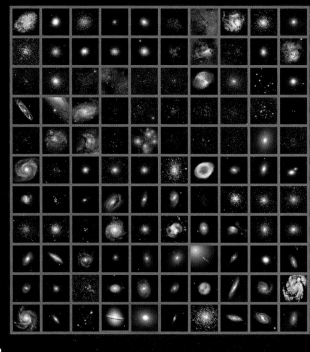

CHARLES MESSIER ERA UN CAZADOR DE COMETAS, PERO HOY LO RECORDAMOS POR SU CATÁLOGO DE OBJETOS QUE NI SON COMETAS, NI ESTRELLAS.

Quizá Messier quedase decepcionado al ver Urano; él pasaba sus noches buscando cometas. Se hartó tanto de malgastar su tiempo siguiendo objetos que parecían prometedores –cualquier mancha o borrosidad– que hizo una lista de ellos, que publicó en un catálogo para los entusiastas de los cometas, en 1781. La primera edición contaba con 85 objetos: el M1 fue para la problemática Nebulosa del Cangrejo. Este documento, con el tiempo, se hizo célebre como *Catálogo Messier*, y se completó hasta los 110 objetos, que iban desde las nebulosas a las galaxias y cúmulos estelares.

Lejos de ser unos objetos a evitar, los de Messier son todo un acicate para los actuales observadores de estrellas, aunque con mejor telescopio que el del francés.

37 | Las candelas estándar

LAS BRILLANTES PERO LEJANAS ESTRELLAS PARECEN MENOS RADIANTES QUE LAS TENUES, MÁS CERCANAS, por lo que era imposible medir las distancias entre estrellas hasta que un adolescente aficionado dio con un criterio para medir el universo.

John Goodricke hizo un estudio de variables: estrellas cuyo brillo cambiaba. En 1784, con solo 19 años, descubrió Delta Cephei, llamada así por su constelación, Cefeo (según parece, la afición de Goodricke en las frías noches de Yorkshire acabó con él; murió de neumonía en 1786).

Si avanzamos hasta 1912, la astrónoma de Harvard Henrietta Leavitt encontró una relación entre el brillo medio y el período de pulsación –el tiempo que transcurre desde que una estrella se ilumina y hasta que se atenúa– de Delta Cephei (y las muchas otras «cefeidas variables» que ya se conocen). Así, dos cefeidas con el mismo período tienen el mismo brillo, y cualquier diferencia en el brillo se deberá a la distancia entre ellas. Aquí, por fin, aparecían las llamadas «candelas estándar» que podrían usarse para trazar el mapa del universo.

John Goodricke observó con detenimiento la estrella Algol en 1783. Esta es una estrella variable (aunque no una variable cefeida en esta ocasión) que se atenúa cada tres días para volverse muy brillante de nuevo. Goodricke, que era sordomudo, señaló que esta variación se debía a que Algol era un sistema binario, en el que una estrella más tenue pero más grande eclipsa a una pequeña y brillante. Este trabajo le valió a Goodricke una Medalla Copley, el más alto galardón de la Royal Society de Londres.

38 | El primer asteroide se pierde

TRAS EL DESCUBRIMIENTO DE URANO, LOS ASTRÓNOMOS SE APRESURARON A ENCONTRAR EL SIGUIENTE PLANETA. Se ideó un plan para explorar el cielo, dividiendo el zodiaco –donde seguramente habría un planeta– y que cada astrónomo se ocupase de una parte.

No todos los expertos pensaban que era cuestión de tiempo que se encontrasen más planetas. El filósofo Georg Hegel insistía en que siete era el número máximo de planetas... ¡porque ese era también el número de aberturas en la cabeza humana! Por suerte, esta invención no tuvo mucho recorrido y, en 1800, Franz Xaver von Zach, un barón húngaro, tomó las riendas de la exploración, y consiguió a 24 astrónomos que trazasen el mapa del cielo.

Uno de ellos era el astrónomo siciliano Giuseppe Piazzi. Sin embargo, mientras esperaba instrucciones de von Zach, descubrió un objeto pálido que se movía como un planeta, entre Marte y Júpiter. Consciente de que los astrónomos europeos se interesarían de inmediato por su descubrimiento, Piazzi quería asegurarse antes de anunciar su descubrimiento. Sin embargo, cayó enfermo en un momento clave y perdió su «planeta» en el resplandor del Sol.

Giuseppe Piazzi descubrió lo que con el tiempo se convirtió en el asteroide Ceres (ahora llamado planeta enano) al examinar minuciosamente las posiciones tras cada observación. Ceres era el único que había cambiado de posición.

DETECTIVES PLANETARIOS

Comenzó la búsqueda frenética y von Zach solicitó los servicios de un genio matemático alemán, Carl Friedrich Gauss. Con el tiempo sería reconocido como una de las mejores mentes matemáticas de la historia, y fue apodado «el Príncipe de las Matemáticas». Gauss, de 23 años, no decepcionó. Le tomó tres meses calcularlo, pero le dio a von Zach la órbita probable del planeta perdido, y el húngaro lo redescubrió el 31 de diciembre de 1801.

Piazzi lo llamó Ceres, en honor a la diosa romana de la agricultura. Sin embargo, aunque se movía como un planeta, Ceres no lo parecía. Era demasiado pequeño para ser un planeta, y el equipo de von Zach pronto encontró objetos similares: Pallas en 1802, Juno en 1804 y Vesta en 1807. William Herschel los llamó asteroides, y en el siglo XIX se encontraron cientos más, formando un cinturón alrededor del Sol.

Aunque es recordado por su aportación a las matemáticas, el puesto de trabajo de Carl Gauss era como profesor de Astronomía y director del observatorio astronómico de la Universidad de Gotinga. Aquí lo vemos, no con un telescopio, sino con un heliómetro, que utilizaba para medir la forma exacta de la Tierra, dentro de su investigación sobre la matemática de las superficies complejas.

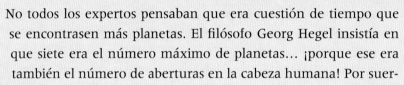

39 | Líneas de Fraunhofer

ISAAC NEWTON HABÍA ACUÑADO EL TÉRMINO «ESPECTRO» Y SEÑALÓ LOS SIETE COLORES QUE LO COMPONÍAN EN EL SIGLO XVII. A principios del XIX, el espectro de la luz proveniente de las estrellas trajo la primera prueba de que esos puntos de luz llegaban de objetos que estaban compuestos del mismo tipo de materiales que se encontraban en la Tierra.

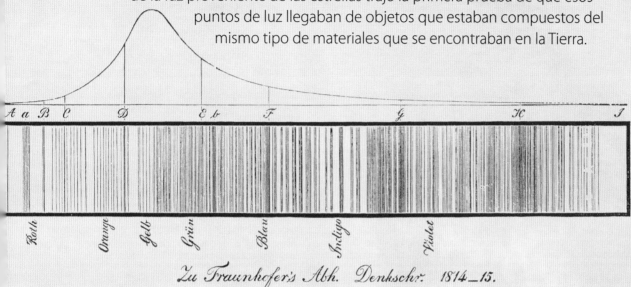

Las anotaciones manuscritas de Fraunhofer muestran las 570 líneas oscuras presentes en el espectro de luz procedente del Sol.

Como otros habían hecho antes que él, Newton utilizó un prisma para dividir la luz blanca en su arcoíris de colores. El prisma de vidrio refractaba la luz, haciendo que sus rayos se torciesen al pasar del aire al vidrio y saliesen de nuevo. Este proceso también divide la luz blanca –que llega como un rayo de sol que entra en una habitación oscura– en sus colores componentes, porque cada color se refracta en una cantidad diferente, por lo que se separan formando un arcoíris.

Más de 100 años después, la tecnología había avanzado lo suficiente como para combinar el prisma y el telescopio y fabricar un espectroscopio. El primero fue creado por el óptico alemán Joseph von Fraunhofer, en 1814, cuyas lentes eran de excelente calidad, lo suficientemente buenas como para corregir cualquier aberración cromática que pudiera interferir con los resultados.

COLORES FALTANTES

Von Fraunhofer dirigió su espectrómetro hacia el Sol, enfocando su luz a través de un prisma para poder ver sus colores componentes. Sin embargo, a diferencia de Newton, pudo observar el espectro a través de un visor de aumento y observó que en el arcoíris había cientos de líneas oscuras. Era como si faltaran ciertos colores.

Sus colegas alemanes Robert Bunsen y Gustav Kirchhoff explicaron el significado de las líneas Fraunhofer, que también se observaron en la luz procedente de las estrellas, 45 años después. Bunsen y Kichhoff eran químicos que descubrieron que un elemento podía identificarse por un espectro único de luz que emitía y absorbía. Las líneas oscuras en la luz solar correspondían a los espectros de ciertos elementos, como el sodio, lo que demostró que estas sustancias estaban presentes en la atmósfera solar. Sus átomos absorbían colores específicos, dejando una ausencia de luz que resultó coincidir con las líneas oscuras de Fraunhofer.

40 El efecto Coriolis

CON LOS BARCOS DE VAPOR TODAVÍA A DÉCADAS DE DISTANCIA,
LOS IMPERIOS COMERCIALES DEPENDÍAN de las rutas de transporte
oceánicas, que seguían los vientos más seguros que recorrían
la superficie de la Tierra. Los marineros se preguntaban
por qué casi nunca iban en línea recta, y en 1835
obtuvieron una respuesta.

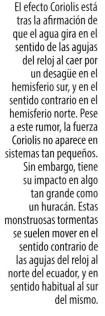

En 1651, Giovanni Battista Riccioli señaló que la Tierra
no se movía de ninguna manera. Si fuera así, las balas
de los cañones se desviarían a medida que el planeta se
«deslizase» por abajo. La artillería del siglo XVII no era
lo suficientemente poderosa como para mostrar la desviación, pero en la década de 1830 las armas y la física habían avanzado lo necesario como para que el efecto
fuera manifiesto. Recibió el nombre del matemático francés,
Gustave-Gaspard Coriolis. El efecto Coriolis solo se observa en
la superficie de cuerpos que rotan, como la Tierra. Como la superficie
del objeto giratorio se mueve, un objeto que viaja en línea recta sobre la superficie
trazará una línea curva por la superficie del cuerpo.

Coriolis propuso una ampliación de las leyes de movimiento newtonianas que
ayudaban a calcular cómo los cuerpos –las moléculas de aire en el viento o una bala
de cañón– se mueven contra un marco giratorio de referencia. Coriolis demostró
que la desviación aparente de un objeto que vuela podría producirse por una fuerza
virtual. Aunque en realidad no se aplique ninguna fuerza –y así lo parece– Coriolis
ideó la forma de calcular una simbólica, por lo que los movimientos de los objetos
en vuelo podrían predecirse con precisión. La fuerza Coriolis se hizo útil para situar
corrientes y vientos oceánicos (primero en nuestro planeta y luego en otros), para
seguir los movimientos de las manchas solares y, con el tiempo, para planear el lanzamiento de cohetes.

El efecto Coriolis está tras la afirmación de que el agua gira en el sentido de las agujas del reloj al caer por un desagüe en el hemisferio sur, y en el sentido contrario en el hemisferio norte. Pese a este rumor, la fuerza Coriolis no aparece en sistemas tan pequeños. Sin embargo, tiene su impacto en algo tan grande como un huracán. Estas monstruosas tormentas se suelen mover en el sentido contrario de las agujas del reloj al norte del ecuador, y en sentido habitual al sur del mismo.

Los objetos rotan hacia la derecha en el hemisferio norte y hacia la izquierda en la mitad sur del mundo. La magnitud de la desviación depende de la latitud. La superficie en latitudes más bajas (es decir, más cerca del ecuador) se mueve más rápido que cerca de los polos (estos están prácticamente inmóviles). Así que el efecto Coriolis es más fuerte en el ecuador.

Paralaje estelar

EL ARGUMENTO DE MÁS PESO EMPLEADO CONTRA UN SISTEMA SOLAR CON EL SOL EN EL MEDIO, en el que la Tierra rota a su alrededor, era que las estrellas permanecían fijas. Desde el punto de vista de una Tierra en movimiento, era de esperar que los astrónomos observasen un cambio de la posición relativa de las estrellas a la par que el planeta se moviese, un fenómeno llamado paralaje.

El paralaje es cómo nuestros cerebros perciben la distancia y la profundidad, y el efecto se ha utilizado para estimar las distancias relativas de la Luna, los cometas y los planetas. Pero a la hora de estudiar las estrellas, aparecían (al menos a través de un equipo de observación antiguo) repetidamente ancladas en su sitio. Para Tycho Brahe esto era la prueba de que la Tierra no se movía. Para él, la razón –que las estrellas estaban tan lejos que la distancia era tan inconmensurable como el infinito– no venía a cuento. Hasta 1838, gracias a Friedrich Bessel, la tecnología de los telescopios no fue lo suficientemente precisa como para apreciar el paralaje estelar, el cambio en la posición de una estrella. Bessel utilizó sus datos para demostrar que las estrellas estaban a una distancia inimaginable.

MEDICIONES MINUCIOSAS

Imaginemos estar en un automóvil o tren que se acerca a los cables de electricidad que se extienden en paralelo en el camino. A medida que nos acercamos, los postes parecen moverse a diferentes velocidades, a pesar de estar en una línea. El más cercano a la carretera o a los raíles se «lanza» hacia nosotros y pasa rápidamente, mientras que el más lejano en el horizonte apenas parece haberse movido. El paralaje es el movimiento aparente, medido como un ángulo, y se puede usar para calcular la distancia entre el observador y el objeto por medio de geometría avanzada. Los resultados se expresan en términos de la unidad astronómica (UA), la distancia media de la Tierra al Sol (un pársec es otra distancia astronómica definida como la distancia a un objeto con un paralaje de un segundo de arco, 1/3600 milésima de grado. Un pársec es aproximadamente 206265 UA).

La Luna y los planetas son similares a los postes más cercanos, mientras que las estrellas son los más lejanos, y cualquier movimiento es tan pequeño que escapaba a los astrónomos, hasta que Bessel usó un heliómetro para mostrar que 61 Cygni (una estrella en Cisne) tenía una paralaje de 0,314 segundos de arco, la primera medida de este tipo. Este pequeño movimiento demostró que la estrella estaba casi medio millón de veces más lejos que el Sol. Ese resultado se traduce en 10,4 años luz, que es sobre un 9 % del valor que hoy sabemos, un logro notable para una medición guiada a mano.

Bessel utilizó un heliómetro fabricado por Joseph von Fraunhofer. Su uso principal era para medir el tamaño del Sol, pero tuvo una segunda vida para medir el paralaje. Sus lentes dividen la imagen en dos, y el operador, a través de unas operaciones delicadas, puede trasponer una en la otra. Este proceso podía mostrar cambios mínimos en la posición de los objetos.

42 | Leviatán

TRAS HEREDAR UN CASTILLO IRLANDÉS –Y UN CONDADO–, WILLIAM PARSONS, EL TERCER CONDE DE ROSSE, decidió hacer de su propiedad feudal del siglo XVII la ubicación del observatorio astronómico más avanzado del mundo, y construir el telescopio más grande hasta entonces.

El descomunal telescopio de Parsons recibió el sobrenombre de Leviatán y era tan grande que tuvo que colgarse entre dos sólidas paredes de ladrillo, convirtiéndolo en un castillo astronómico por derecho propio. Durante varios años, Parsons había desarrollado técnicas de fabricación de espejos parabólicos cada vez mayores para telescopios newtonianos. Los fabricó con «metal de espejos» –la misma aleación utilizada por Newton– y construyó máquinas de vapor para molerlos y pulirlos.

Cuando se terminó en 1845, Leviatán tenía un espejo de 183 cm, que pesaba 3 toneladas. Fue insertado en otro tubo de 8 toneladas, construido con tablones de madera. Los cabrestantes podían subir y bajar el dispositivo, pero su acimut (vista lateral), a lo largo de una correa dentada, estaba limitada a unos 60 grados. Parsons usó Leviatán para observar de nuevo las nebulosas y los objetos Messier. Su mayor descubrimiento fue determinar que muchas de estas manchas en el cielo eran objetos en forma de espiral llenos de estrellas, la primera visión de lo que más tarde se reveló como galaxias mucho más allá de nuestra Vía Láctea.

Las observaciones con Leviatán no resultaban fáciles. El visor estaba en el lado de la apertura, varios metros por encima del suelo, y el observador tenía que ser izado en una especie de jaula.

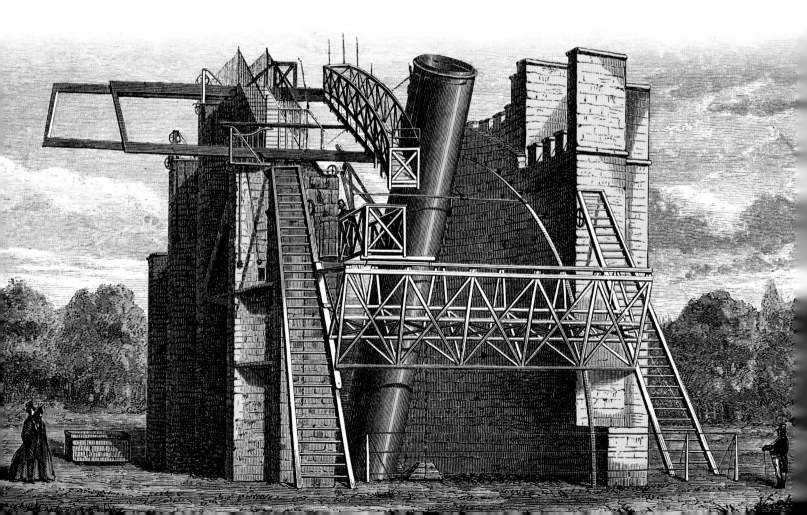

43 | Neptuno intuido

EL PLANETA NEPTUNO ES EL ÚNICO IMPOSIBLE DE CONTEMPLAR A SIMPLE VISTA, por eso quizá sea oportuno decir que la primera persona en avistarlo fuese Galileo. Sin embargo, fue tarea de las matemáticas y no de las astronomía el confirmar que este era el octavo planeta.

Galileo divisó Neptuno en 1612, pero no pudo observar su movimiento porque el planeta acababa de comenzar un período de movimiento retrógrado. Es el momento justo en su órbita en que Neptuno parece detenerse para luego regresar; no es un movimiento real, sino un efecto al observarlo desde una Tierra también en movimiento. La órbita total de Neptuno es de 164 años, y las posibilidades de que el telescopio de Galileo se posase sobre él en el momento en que parecía ser una estrella son enormes; en cualquier caso, Neptuno desapareció de los registros durante los siguientes dos siglos.

Un dibujo de 1846 muestra la localización del nuevo planeta. Finalmente, recibió el nombre de Neptuno por el dios romano del mar, ya que su superficie tenía un ligero toque azulado, que recordaba a un océano.

EL INVISIBLE VULCANO

Varios años después de descubrir Neptuno en 1846, Le Verrier señaló que el Sistema Solar contenía un noveno planeta, esta vez cerca del Sol. El argumento de Le Verrier era que un pequeño planeta, al que llamó Vulcano, quedaba entre el Sol y Mercurio, perturbando la órbita de este último planeta. El francés predijo que Vulcano orbitaba el Sol en solo 19 días. Durante los siguientes 50 años, buscó a Vulcano sin suerte, a pesar de varios avistamientos erróneos. En 1916, Albert Einstein utilizó su teoría de la relatividad para explicar las anomalías orbitales de Mercurio. Vulcano no existía.

URANO DESVIADO

El séptimo planeta, Urano, también había sido observado por varios astrónomos que ignoraban su verdadera naturaleza antes de su reconocimiento en la década de 1780. Así que ya había muchos datos disponibles para calcular su órbita con mucha precisión. Sin embargo, observaciones posteriores mostraron que Urano estaba tomando un camino diferente. En la década de 1840, la teoría aceptada era que la gravedad de otro planeta, aún no descubierto, situado más lejos, sacaba a Urano de su trazado normal

Calcular el movimiento de tres o más objetos bajo el influjo de la gravedad de los otros había resultado un problema matemático diabólico, que había desafiado todos los intentos de encuadrarse en una ley general (y así sigue sucediendo hoy). Sin embargo, los cerebros matemáticos más eminentes asumieron el desafío de calcular una posición para este misterioso nuevo planeta.

El alemán Johann Galle (abajo) y su ayudante, Heinrich Louis d'Arrest fueron los primeros en observar Neptuno porque Le Verrier no pudo encontrar un astrónomo francés interesado en su búsqueda.

COMPETENCIA MATEMÁTICA

Los mejores matemáticos sabían lo que estaba en juego y se apresuraron a encontrar la respuesta. Asumieron que la distancia del nuevo planeta al Sol se aproximaría a la siguiente cifra en la ley de Bode y calcularon sobre esa base. En 1846, en Oxford, John Adams completó los cálculos, pero fue su rival, Urbain Le Verrier, del Observatorio de París, quien reclamó la gloria: Le Verrier avisó a Johann Galle en Berlín, quien avistó Neptuno a las pocas horas de recibir la carta de Le Verrier.

44 | Velocidad de la luz

TRAS DESCUBRIR LAS ENORMES DISTANCIAS ENTRE LAS ESTRELLAS, FRIEDRICH BESSEL PROPUSO EL AÑO LUZ como unidad para medir el universo. El año luz es la distancia que la luz recorre en un año, y para saber eso se necesita conocer la velocidad exacta de la luz.

Bessel había basado su cálculo para la distancia hasta la estrella 61 Cygni con una velocidad de la luz calculada por James Bradley en 1725. Bradley, como Rømer antes, había medido la velocidad mediante técnicas de observación. La cifra de su velocidad era bastante precisa, pero un poco alta: dijo que la luz tarda ocho minutos y 12 segundos en llegar a la Tierra desde el Sol, apenas seis segundos más rápido. Sin embargo, este pequeño error escalado a un año luz se convierte en una distancia extra considerable.

Hacia 1849, el francés Hippolyte Fizeau midió la velocidad en un laboratorio. Dirigió una luz hacia un espejo a 8,6 km de distancia, que pasaba a través de los huecos de una rueda dentada que giraba rápidamente. Los dientes de la rueda nunca giraron tan rápido como para bloquear la luz que llegaba al espejo. Sin embargo, a cierta velocidad, la luz que se reflejaba se atenuó cuando un rayo que volvía fue bloqueado por un diente. Fizeau calculó la velocidad de la luz a partir de la distancia recorrida y el tiempo que necesitó el rayo para pasar a través del diente, y luego quedar bloqueado por él en el camino de vuelta. Su medición fue de 313 300 km/s); un desvío del 4 % hacia arriba. En 1862, Léon Foucault mejoró el aparato para obtener una velocidad de 299 796 km/s, ¡un error de tan solo 4 km/s!

Dibujo del aparato original de Fizeau (con las distancias reducidas). La luz de la lámpara se reflejaba por medio de un sencillo telescopio, y pasaba la rueda dentada colocada cerca del visor. La luz se dirigía por un segundo telescopio y era reflejada de nuevo hacia el primero.

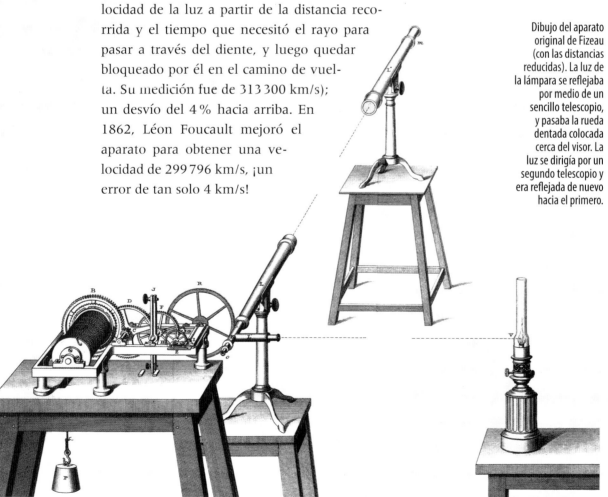

45 | Péndulo de Foucault

UNO DE LOS PRINCIPIOS FUNDAMENTALES DEL SISTEMA SOLAR DE COPÉRNICO ERA QUE LA TIERRA GIRABA UNA VEZ AL DÍA, creando la ilusión de movimiento en los cielos. A pesar de todas las pistas, resultaba imposible observarlo de primera mano mientras el observador estuviese confinado en la superficie del planeta. Eso fue así hasta que Léon Foucault levantó un gran péndulo en París y lo hizo balancearse. Así llegó, al fin, la prueba de que el planeta se inclinaba.

El movimiento de un péndulo obedece a ciertas leyes. El genio de Foucault fue mostrar que cualquier comportamiento fuera de esas reglas tiene que deberse al movimiento de otra cosa: si no era el péndulo lo que se movía, es que era toda la Tierra.

EN EL GIRO

La leyenda dice que Galileo descubrió el principio del péndulo como estudiante en 1582, mientras observaba una pesada lámpara que se balanceaba desde el techo de la catedral de Pisa, en Italia. Cronometró el movimiento de la lámpara, usando su propio pulso como reloj, y se dio cuenta de que, aunque el tamaño o la amplitud del movimiento iban disminuyendo, cada oscilación completa de la lámpara hacia adelante y hacia atrás siempre duraba el mismo tiempo. Más tarde, Galileo demostró que el período de oscilación de un péndulo simple es proporcional a la raíz cuadrada de su longitud. Cambiar la masa del péndulo no tiene ningún efecto: un plomo más pesado oscila con la misma frecuencia que uno más ligero. Décadas después, Isaac Newton explicó que la inercia –la resistencia que opone la materia al modificar su estado de movimiento– mantendría el péndulo balanceándose en un plano.

El péndulo de Foucault fue llevado por todo el mundo, por ejemplo a Londres, como vemos en la imagen. El original se balanceó en el Panteón de París, donde aún se puede contemplar una réplica.

DESVIACIÓN APARENTE

En 1851, Foucault instaló un péndulo pesado en París. A la par que giraba, trazaba su camino en un círculo de arena en el suelo mediante una aguja en su parte inferior. Al principio, el plomo se balanceó en un plano fijo, pero tras muchas horas, la trayectoria del péndulo pareció girar poco a poco en el sentido de las agujas del relo. No se había permitido que nada interfiriera con la oscilación del péndulo, por lo que este cambio de dirección se debía a que el lecho de arena –y la Tierra– se movían bajo el péndulo. Después de 24 horas, el péndulo regresó a su plano original: la Tierra había hecho una rotación completa tal como lo había dicho Copérnico.

46 | Variación solar

LA PRIMERA REGLA DE LA ASTRONOMÍA ES NO MIRAR NUNCA DIRECTAMENTE AL SOL POR UN TELESCOPIO O POR CUALQUIER TIPO DE LENTE. El ojo puede protegerse del brillo de la luz, pero un rayo intenso y concentrado dañará la retina de manera permanente. Así que el estudio del Sol necesitaba una nueva mirada.

La mejor manera de observar el Sol es proyectar una imagen suya en una pared u otra superficie clara. Algunos astrónomos de la antigüedad lo hicieron mediante una cámara oscura, una especie de cámara estenopeica del tamaño de una habitación, mientras que quizá otros mirasen a través de filtros de vidrio ahumado. Cualquiera que sea el método, la característica más notoria de la superficie del Sol es la mancha solar, que los astrónomos chinos registraron por primera vez en el siglo IV a. C.

Hubo noticias de grandes manchas oscuras en el Sol durante los siglos siguientes, que solían interpretarse como el planeta Mercurio en tránsito por el disco solar. Sin embargo, en 1612, cuando Galileo proyectó el Sol a través de su telescopio, las identificó correctamente como puntos en la superficie de la estrella y siguió sus apariencias y movimientos.

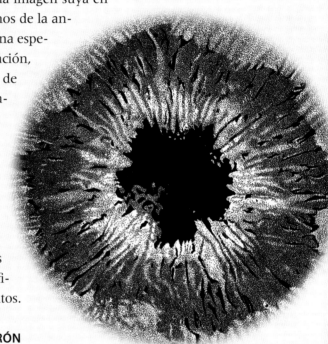

LA PEQUEÑA EDAD DE HIELO

A principios del siglo XX, el astrónomo inglés Edward Maunder utilizó registros históricos para trazar la actividad solar hasta el siglo XVII. Descubrió que entre 1645 y 1715 casi no aparecieron manchas solares. Este período, conocido como el mínimo de Maunder, parece que tuvo un impacto en el clima mundial. Desde mediados del siglo XVII hasta mediados del siglo siguiente, el clima fue claramente más frío. Ahora se conoce como la Pequeña Edad de Hielo de Europa. El río Támesis se congeló casi todos los inviernos, y las Ferias de Escarcha (abajo) se celebraron sobre el hielo.

SE OBSERVA UN PATRÓN

William Herschel se unió a la idea de que las manchas solares eran huecos en la caldera en llamas que cubría la superficie del Sol, que mostraba una superficie más oscura y más fría debajo. También, algo no extraño para un astrónomo del siglo XVIII, propuso que había personas bajo la atmósfera ardiente. Sin embargo, solo una de sus intuiciones era correcta: las manchas solares son más frías que lo que las rodea, si bien son increíblemente calientes.

La primera persona en afirmar que las manchas solares seguían un ciclo fue el alemán Heinrich Schwabe. Las estudió con detenimiento durante 28 años, desde 1826 hasta 1843. Empezó el estudio porque creía en los informes que hablaban de un planeta pequeño y de rápido movimiento, conocido como Vulcano (por el dios romano del fuego), que existía dentro de la órbita de Mercurio. La teoría de Schwabe consistía en que este planeta podría extraviarse con facilidad entre las manchas solares, que pero su movimiento lo delataría.

El astrónomo jesuita italiano Padre Pietro Angelo Secchi hizo un bosquejo detallado de la estructura de una mancha solar en 1873. Muestra la umbra central rodeada por la penumbra. Se ven oscuras porque están rodeadas de material aún más caliente. Si el lugar estuviera solo en el espacio, irradiaría una luz brillante: ¡la mancha solar media es del doble del tamaño de la Tierra!

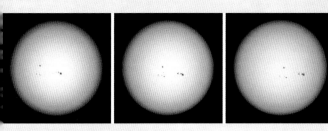

Esta secuencia de imágenes muestra las manchas solares moviéndose por la superficie solar en un periodo de cuatro días, análogo a los sistemas climáticos de la Tierra. Dado que el Sol rota, el trazado de cada mancha solar está sujeto al efecto Coriolis.

Por más que lo intentó, todo lo que vio fueron manchas solares. Sin embargo, sus datos revelaron que el número de manchas subió y bajó en un ciclo de unos 11 años.

Cuando Schwabe publicó sus datos en 1851, el astrónomo suizo Rudolf Wolf los combinó con los registros de otros para estudiar el comportamiento de las manchas solares desde la década de 1740. Los picos en el número de manchas solares quedaban separados por unos 11 años, y entre medias hubo periodos con pocas o ninguna mancha solar.

En 1908, el estadounidense George Hale afirmó que las manchas solares eran gases atrapados en el campo magnético del Sol, y que los fuertes nudos de magnetismo alejaban el aumento del calor, provocando que la mancha se enfriara. Este ciclo de campo magnético «máximos» y «mínimos» se debe a que el campo se enreda cada vez más según rota la estrella antes de volver a empezar.

47 | Helio: el gas del Sol

OTRA MANERA DE ESTUDIAR EL SOL ERA OBSERVAR LOS ECLIPSES SOLARES TOTALES, EN LOS QUE EL BRILLO DE LA ESTRELLA se opaca y la fina corona de gases caliente que la rodea queda a la vista.

En el eclipse total de 1868, los espectroscopios miraron hacia la corona, que se descubrió llena de líneas oscuras. Por entonces, Gustav Kirchhoff (tras trabajar con Robert Bunsen) había dado a la espectroscopia tres leyes: la primera ley establece que los sólidos calientes producen un espectro completo de colores (visto como luz blanca); la número dos dice que el gas caliente (como una llama) brilla con un conjunto concreto de colores (conocido como su espectro de emisión); y, por último, el gas frío absorbe colores determinados de la luz blanca, dejando líneas oscuras en todo el espectro (denominado espectro de absorción). Estas reglas permitieron a los astrónomos analizar la composición de estrellas, nebulosas y polvo interestelar.

El helio es el subproducto de la fusión solar, el proceso por el que el Sol obtiene energía. Su espectro de emisión, que vemos abajo, contiene el amarillo que condujo al descubrimiento del gas.

La corona del Sol estaba tan caliente como para que su contenido gaseoso se presentase como espectro de emisión. El eclipse de 1868 ofreció una línea amarilla en la luz coronal, que fue vista por Pierre Jansen. Norman Lockyer intentó reproducir el color con los elementos conocidos en 1870, tras lo cual declaró que en la corona había un gas nuevo y sobrenatural, que llamó helio por *helios*, «Sol» en griego.

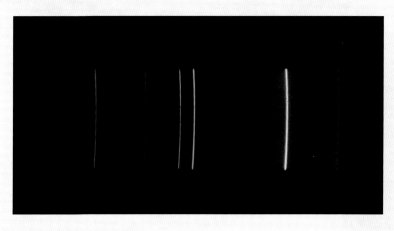

48 | Canales marcianos

A LA VEZ QUE LOS TELESCOPIOS MEJORABAN, LA SUPERFICIE DE MARTE QUEDABA CADA VEZ MÁS AL DESCUBIERTO. En 1877, la Tierra pasó muy cerca del planeta rojo, permitiendo la mejor vista posible en una generación. Pero las consecuencias de un mapa mal traducido de Marte llevaron a que ese año aún se recuerde por los expertos.

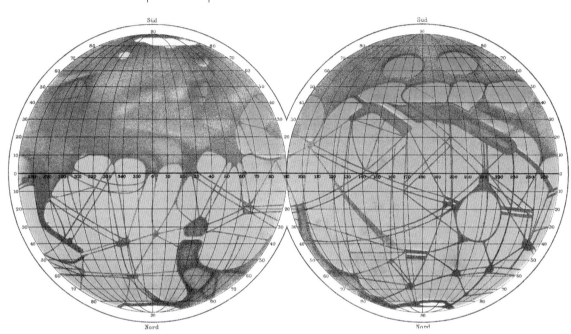

El mapa de Marte (1877) de Giovanni Schiaparelli muestra lo que él describía como canales. Estudios más recientes de la superficie han descubierto que son producto de la erosión, probablemente generada por un océano de agua poco profundo que cubriese en sus orígenes el hoy árido planeta.

Schiaparelli decidió trazar el mapa de Marte cuando la Tierra estaba entre el Sol y el planeta rojo, y también en su punto más cercano al planeta vecino.

Cassini y Huygens habían documentado que Marte tenía capas de hielo en los polos y regiones oscuras en su superficie. William Herschel usó su enorme telescopio para descubrir que las capas de hielo se encogían y crecían cada año, como en la Tierra. Las regiones oscuras también aumentaban en tamaño: Herschel propuso que el agua del deshielo de los polos inundaba la superficie marciana. Otros pensaban que los cambios de color, que se desarrollaban en pocas semanas, eran zonas de vegetación que brotaban en la primavera marciana (ahora sabemos que las áreas oscuras son rocas desnudas expuestas por grandes tormentas que expulsan el polvo más claro).

En 1877, el italiano Giovanni Schiaparelli observó lo que podrían ser ríos que conectasen los oscuros «océanos». En un mapa detallado, los definió como canales, dando el significado de zonas de tránsito o unión, pero que en su traducción al inglés tomó más la acepción de vías navegables artificiales. Esto sembró la idea de que Marte era el hogar de extraterrestres laboriosos, y que los marcianos eran, quizás, seres beligerantes: de hecho, H. G. Wells los describió así en su novela *La guerra de los mundos*. Muchos astrónomos aficionados comenzaron a asegurar que habían visto canales *navegables*, como Percival Lowell, un rico empresario estadounidense. Incluso construyó un observatorio en Flagstaff, Arizona, con la declarada intención de buscar signos de vida marciana. El Observatorio Lowell no los encontró, pero se tropezó con Plutón en 1930.

49 Sincronizar la hora

Hasta mediados del siglo XIX, la medida del tiempo era cosa de cada país. El mediodía era cuando el Sol pasaba por lo más alto, en cualquier sitio. Sin embargo, eso causaba estragos en los horarios de los nuevos ferrocarriles, y nada, ni siquiera la astronomía, podía interferir en el camino del progreso.

En 1883, EE. UU. adoptó sus cuatro zonas horarias. Este mapa ligeramente posterior también muestra la zona horaria estándar del Atlántico, que usaban las provincias marineras de Canadá.

Cualquier navegante sabría que por cada grado que recorría un tren, su hora local cambiaba en cuatro minutos. Algo que se hizo evidente en el Great Western Railway entre Londres y el puerto de Brístol, una ciudad en la que la hora iba 10 minutos por detrás de la capital, lo que causaba una comprensible confusión. La solución fue utilizar Railway Time, un tiempo estándar basado en la duración media del día, medida en Greenwich: Greenwich Mean Time (GMT).

La oposición fue considerable. La gente estaba orgullosa de su hora local, mientras que la hora del ferrocarril era vista como un sospechoso recién llegado sin pedigrí, algo parecido a las actitudes modernas hacia la inevitable homogeneidad que imponen las grandes multinacionales. Sin embargo, el GMT ganó la partida.

El icónico edificio The Exchange de Brístol, en Inglaterra, aún utiliza un reloj con dos agujas minuteras: una muestra la hora local, 10 minutos atrasada respecto al GMT.

UN ESTÁNDAR MUNDIAL

En la década de 1880, el problema había escalado a lo global, debido no solo a los sistemas de transporte más rápidos, sino también a la red telegráfica, que conectaba lugares muy alejados en tan solo un instante. En 1884, el astrónomo canadiense Sandford Fleming convocó una conferencia internacional en Washington DC, con el objetivo de dividir el mundo en zonas horarias basadas en un horario estándar. El Imperio Británico y EE. UU. ya funcionaban con GMT y empleaban cartas náuticas basadas en ese meridiano, por lo que esa era claramente la opción más cabal. Los países tuvieron que elegir qué zona horaria querían usar. Francia se opuso al GMT y continuó utilizando París como el meridiano «principal» hasta 1911.

nube de humo… ¡Y a Wan-Hu nunca se le volvió a ver!

THE BRICK MOON

Los viajes espaciales aparecieron primero en la ciencia ficción, como en la novela de Julio Verne *De la Tierra a la Luna* (1865). Verne no prestó mucha atención a los conceptos físicos, al contrario que en *The Brick Moon* (1869) de Edward Everett Hale. Pese a ser también bastante fantasiosa, esta narración breve esboza lo que sucede cuando una esfera de ladrillos –que iba a ser puesta en órbita como una cómoda ayuda para la navegación– es lanzada por accidente con personas a bordo. Este es el primer ejemplo conocido del concepto de satélite artificial y estación espacial.

Una recreación posterior de este suceso demostró que lo más probable es que la nave de Wan-Hu explotase en la plataforma de lanzamiento, y la tecnología relacionada con los cohetes pasó a centrarse en el sector armamentístico. En la letra del himno nacional de EE. UU. aparece un verso en el que se escucha «el resplandor rojo de los cohetes»; se refiere a un bombardeo de puertos estadounidenses con cohetes Congreve, disparados desde buques de guerra británicos en 1812. Estos cohetes gigantes se inspiraron, a su vez, en cohetes de guerra indios.

EL VISIONARIO ESPACIAL

El maestro ruso Konstantin Tsiolkovski fue la primera persona en proponer el uso de cohetes para volar al espacio. Determinó que la velocidad de escape de la Tierra era de 8 km/s. Mediante una fórmula ahora conocida como la ecuación del cohete Tsiolkovski, demostró que esta velocidad podría lograrse gracias al empuje de un cohete propulsado por hidrógeno congelado y oxígeno líquido (los combustibles utilizados por los cohetes más grandes en la actualidad).

El libro de Tsiolkovski de 1903 también predecía diversos aspectos de los viajes espaciales, como los cascos dobles para protección contra los golpes de meteoritos y los problemas que la ingravidez podría generar en la salud. Tiempo después diseñó un cohete de varias etapas, que describió como un «tren cohete», que se desprendía de varias partes vacías para reducir el peso a medida que volaba más alto. En 1911, Tsiolkovski diseñó una nave espacial tripulada, en la cual el pasajero yacía boca arriba en el piso más cercano a la parte superior del cohete para resistir mejor las fuerzas gravitatorias que aplastan al astronauta durante el despegue.

Boceto de uno de los cuadernos de Konstantin Tsiolkovski, que se pueden ver en un museo de Kaluga, la ciudad natal del científico, al sur de Moscú.

Konstantin Tsiolkovski en 1919, con algunos de sus modelos para cohete. Aunque nunca llegó a construir uno, la obra de Tsiolkovski influenció sobremanera en el desarrollo de la tecnología aeroespacial soviética.

51 | La inclinación del eje terrestre

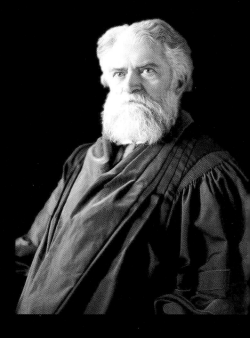

LA ESFERA CELESTE DE LAS ESTRELLAS, EL MAPA TRIDIMENSIONAL DEL CIELO QUE UTILIZAN LOS ASTRÓNOMOS, TIENE LA TIERRA EN SU CENTRO. Sin embargo, la posición exacta de la Tierra en relación con el Sol siempre cambia ligeramente y necesita un seguimiento constante para garantizar que los mapas estelares sigan siendo precisos.

Desde Hiparco, los astrónomos sabían que el eje de la Tierra tendía a «cabecear» de manera muy lenta, un proceso llamado precesión, que cambia el ángulo entre el eje y el plano de la eclíptica. Este último es el plano imaginario en el espacio en el que la Tierra se mueve alrededor del Sol. Cada cuerpo celestial está ubicado en el cielo por su posición en relación con el lugar donde el ecuador celeste (que coincide con el de la Tierra) cruza la eclíptica.

Los astrónomos tenían que actualizar con cierta frecuencia las posiciones relativas de los cuerpos celestes para respetar la precesión. En 1895, el canadiense estadounidense Simon Newcomb presentó un medio matemático para predecir las posiciones relativas de la Tierra y la Luna en su *Tablas del Sol*. Estas tablas se usaron hasta 1984 cuando la NASA presentó una versión mejorada que se basaba en la última medición del Sistema Solar, gracias a la precisión que ofrecía la era espacial.

Simon Newcomb no tenía miedo alguno a la hora de realizar predicciones. Dijo en 1888: «Seguramente nos acercamos al límite de todo lo que podemos saber de astronomía». En 1903, afirmó que las máquinas voladoras serían imposibles con los materiales que la ciencia conocía: a los pocos meses, los hermanos Wright demostraron que se equivocaba.

EFECTOS DE LA ESTACIONES

El desajuste entre el eje y la eclíptica es lo que crea las estaciones de la Tierra. En verano, el hemisferio norte del planeta se inclina hacia el Sol, lo que implica que el astro aparezca más alto por el cielo, lo que significa que los días son más largos (y por lo tanto, más cálidos). A la par, el sur está en invierno con un sol más bajo y días más cortos y frescos. Seis meses después, la Tierra se ha desplazado al otro lado del Sol. En ese momento el norte se inclina hacia el otro lado: es el turno del hemisferio sur para disfrutar de un clima mejor.

21 marzo

22 diciembre

21 junio

21 septiembre

52 El límite de velocidad en el universo

«¿QUÉ PODRÍAS VER SI ESTUVIERAS SENTADO EN UN RAYO DE LUZ?». ES LA PREGUNTA QUE DICEN QUE SE HIZO ALBERT EINSTEIN CUANDO ERA ADOLESCENTE. La respuesta supuso un cambio de paradigma tan enorme como el copernicano, una manera de mostrar que la energía, la materia, el espacio y el tiempo se unen para crear el universo.

Así que, ¿cuál es la respuesta? Es hora de prescindir de nuestras intuiciones, ya que gran parte de la teoría de la relatividad especial de Einstein de 1905 puede parecer absurda de primeras. Se puede pensar que, dado que un rayo de luz viaja a la velocidad de la luz, cuando se mira hacia atrás a medida que avanzamos con ligereza sobre nuestro fotón, ningún otro rayo de luz puede alcanzarnos desde su origen –una estrella o lo que fuere– por lo que nuestros ojos no verían nada en absoluto. Einstein no pensaba así. Mirando de frente, la luz que viene del otro lado (también presumiblemente a la velocidad de la luz) debe de viajar al doble de la velocidad de la luz, en relación con nosotros. Imposible, dijo Einstein. Todo se vería normal. Si la midiésemos, la luz que llega desde todas las direcciones viajaría a la misma velocidad, independientemente de su velocidad en relación con el origen.

Albert Einstein se convirtió en el arquetipo de genio científico. Su pelo alborotado y su acento centroeuropeo ha sido el modelo para innumerables profesores excéntricos e inventores locos en los dibujos animados.

VIENTO DE ÉTER

Esta idea estaba en desacuerdo con la teoría de la luz que había dominado a lo largo del siglo XIX. Como onda, la luz necesitaba un medio para transmitirse. Así como el sonido se propagaba por el aire, se pensaba que la luz era transportada por el éter lumínifero: un material universal, apenas sustancial, similar a la quintaesencia de Aristóteles de hace 2100 años. Dado que la Tierra se movía a través del éter según esta giraba, los haces de luz que viajaban perpendiculares al movimiento de la Tierra experimentarían un «arastre», lo que provocaría un pequeño cambio de dirección a medida que su medio etéreo se movía transversalmente, «soplando» la luz hacia la Tierra.

El experimento de Michelson-Morley de 1887 se creó para detectar los efectos de la hipótesis del arrastre de éter. No había ninguno, excluyendo así la teoría del éter de una vez por todas, lo que exigió una nueva explicación.

TIEMPO ESPACIAL

La idea de Einstein era reunir todas las dimensiones en un solo espacio-tiempo cohesionado y relacionarlas con la energía y la masa. La masa curva el espacio-tiempo y esta deformación se manifiesta como la fuerza de la gravedad. A medida que una masa se mueve cada vez más rápido, el espacio se contrae, haciendo que el objeto se reduzca en el plano en el que se mueve. Su masa también aumenta y se necesita más energía para moverla más rápido. Si se moviera a la velocidad de la luz, la masa del objeto tendría que hacerse infinita y requerir energía infinita para alcanzar esa velocidad, lo que obviamente es imposible. Por lo tanto, ninguna masa puede viajar a la velocidad de la luz, solo los fotones sin masa que forman la luz misma. Estos cambios en la masa y el espacio son imperceptibles en la escala humana (aunque pueden medirse) pero aseguran que la velocidad de la luz sea constante, en relación con cualquier observador, sin importar su propia velocidad.

LA PARADOJA DEL GEMELO

Viajar cerca de la velocidad de la luz también hace que una masa se mueva mucho más lento en el tiempo que otra que esté quieta. Imaginemos a un gemelo enviado a un largo viaje espacial en una nave espacial súper rápida, que viaja a casi la velocidad de la luz. Nuestro explorador no notaría ninguna diferencia de tiempo a bordo, para él los relojes se mueven a una velocidad normal. Se fue al cumplir 25 años y regresa a la Tierra justo a los 26, ansioso por celebrar el cumpleaños con su hermano gemelo. Sin embargo, en la fiesta, el pastel de su hermano requiere muchas más velas. Un año viajando a gran velocidad equivale a docenas para los que permanecen (relativamente) quietos en la Tierra.

53 | Rayos cósmicos

YA SE SABÍA QUE EL AIRE SE COMPORTABA COMO UN PEQUEÑO CONDUCTOR DE ELECTRICIDAD. En 1912, un audaz experimento científico con globos demostró que esta conductividad se debía a rayos que llegaban desde el espacio exterior.

El físico austriaco Victor Hess se prepara para volar a 5 000 m en el test de conductividad del aire en altitudes elevadas.

Un objeto con carga eléctrica tiene demasiados electrones o no los suficientes. En la Tierra, esta carga se pierde al final porque las partículas cargadas (iones) en el aire equilibran la cantidad de electrones, y eliminan el exceso o compensan el defecto, según sea oportuno.

Los avances en física atómica revelaron que los gases en el aire se convierten en iones cargados cuando son bombardeados con rayos de alta energía. En 1911, el físico austriaco Victor Hess comenzó a volar en globo a gran altitud para investigar cómo variaba la conductividad del aire con la altura. Llevaba consigo detectores de carga llamados electroscopios. Estos se cargaron completamente en el despegue: dos láminas de oro con la misma carga se repelían entre sí. Cuando el electroscopio perdió su carga en el aire, las láminas se fueron juntando. Hess descubrió que, a mayor altitud, los electroscopios perdían su carga más rápido. Allí arriba la ionización del aire era mayor por lo que más tarde se conoció como rayos cósmicos: partículas de alta energía y radiación que salen de las estrellas que explotan, y bombardean sin cesar la atmósfera de la Tierra.

54 | Tipos de estrellas

A **COMIENZOS DEL SIGLO XIX, LOS ASTRÓNOMOS POSEÍAN DISTINTAS MANERAS DE COMPARAR ESTRELLAS ADEMÁS DE POR SU LOCALIZACIÓN** y por la comparación de su brillo. Todas estas medidas crearon una confusión cruzada de datos hasta que un par de astrónomos se empeñaron en poner orden en todo aquello con una sencilla representación gráfica. Junto con el esquema llegaba el primer capítulo de la vida de las estrellas.

El brillo de una estrella se denomina magnitud. Hiparco comenzó el sistema asignando a cada objeto celeste una magnitud de uno a seis. La escala de magnitud que empleamos hoy fue establecida por Norman Pogson en 1856. Dio a las estrellas brillantes (pero no a las más brillantes) como Altair, una magnitud de 1. William Herschel había observado que las estrellas de la sexta magnitud (en el antiguo sistema helénico) eran 100 veces más brillantes que las de la primera. Pogson hizo que las estrellas de magnitud 6 fueran 100 veces menos brillantes que la magnitud 1, y que las del 2 al 5 tuvieran una separación igual. Las estrellas de magnitud 7 son demasiado débiles a simple vista, mientras que los objetos más brillantes tienen magnitudes negativas: Venus es -4, la luna llena llega a 12,6 y el Sol a -26,7.

Cada estrella tiene una magnitud aparente –su brillo en el cielo– y absoluta, una medida de su brillo comparado con el de otros objetos. Este último puede estimarse a raíz del primero una vez que se sabe la distancia. Además, al estudiar la manera en que las estrellas binarias orbitan entre sí –mediante la observación de cómo su luz cambia cuando una se mueve delante de la otra– los astrónomos podían calcular

Los tamaños comparativos de las estrellas casi se escapan a nuestra comprensión. Nuestro Sol es la esfera naranja. Detrás está Sirius A, una estrella azul-blanca de aproximadamente 1,7 veces el tamaño del Sol. La estrella roja es Próxima Centauri, nuestra estrella más cercana después del Sol y del tamaño de Júpiter. El pequeño punto es Sirius B, una enana blanca, más pequeña incluso que el planeta Tierra. Sin embargo, si el Sol tomase el tamaño de Sirius B, una supergigante parecería tan grande como Sirius A en esta imagen. ¡La estrella más grande que se haya encontrado, VY Canis Majoris, tiene una anchura 2 000 veces mayor que el Sol!

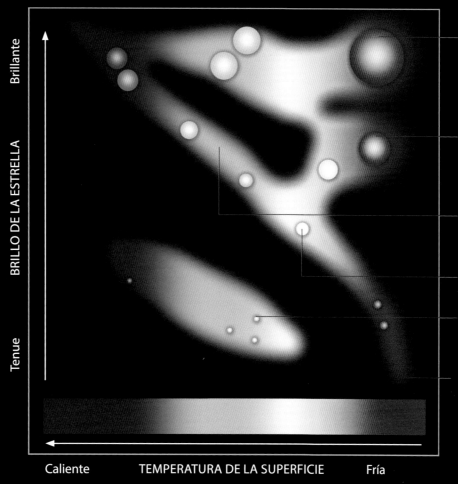

El diagrama Hertzsprung-Russell, o diagrama H-R, fue creado por el danés Ejnar Hertzprung, quien colocó el brillo de las estrellas frente a sus colores en 1911. Dos años más tarde, el estadounidense Henry Russell dispuso el brillo contra la temperatura de la superficie (indicado por el color) para generar la versión que usamos hoy.

Brillante

BRILLO DE LA ESTRELLA

Tenue

Caliente   TEMPERATURA DE LA SUPERFICIE   Fría

Las estrellas supergigantes se forman a partir de estrellas de la secuencia principal que son varias veces más grandes que el Sol. Se consumen rápido y mueren jóvenes.

Las estrellas gigantes suelen ser rojas. Se forman cuando las pequeñas de la secuencia principal comienzan a quedarse sin combustible.

Las estrellas de la secuencia principal son jóvenes o de mediana edad, con miles de millones de años de vida.

Nuestro Sol es una estrella enana amarilla estándar.

Las enanas blancas son núcleos calientes del tamaño de la Tierra de gigantes rojas muertas hace mucho tiempo.

El final de la secuencia principal está compuesto de enanas marrones, bolas de gas que no tienen la masa suficiente como para emitir mucha luz.

la masa de las estrellas mediante las leyes de la gravedad de Newton. Se descubrió que hay estrellas de diversos tipos, algunas miles de veces mayores que nuestro Sol.

HERTZSPRUNG Y RUSSELL

Los estudios espectrográficos de las estrellas revelaron que no todas estaban compuestas de los mismos elementos. Los astrónomos empezaron a clasificar las estrellas de acuerdo con las sustancias que encontraron en sus atmósferas. Las estrellas azules eran más calientes que las rojas, y el color se asoció con la temperatura de la superficie. Hacia 1913, dos astrónomos, Ejnar Hertzsprung y Henry Russell, trazaron de forma independiente las magnitudes y las temperaturas en gráficos. Descubrieron que las estrellas no se disponían al azar, sino que la mayoría, incluido el Sol, forman una secuencia principal que va de caliente (azul) y brillante a fría (rojo) y tenue. Las estrellas en el centro de esta secuencia se denominaron enanas (el Sol es una enana amarilla) para diferenciarlas de los valores atípicos que se agruparon encima de la secuencia principal. Estas eran las gigantes: brillantes pero por lo general, frías. Bajo la secuencia principal había estrellas tenues pero calientes, llamadas enanas blancas, no lo suficientemente calientes como para ser azules. Las investigaciones posteriores sobre cómo se formaron estas estrellas diferentes condujeron a la historia de la creación del universo.

55 | Doblar el tiempo y el espacio

EN 1796, EL GRAN GENIO FRANCÉS PIERRE SIMON LAPLACE PENSÓ EN LA POSIBILIDAD DE UN OBJETO CON GRAVEDAD TAN FUERTE que incluso la luz no pudiese escapar de él. Este cuerpo oscuro era solo un experimento mental, pero en 1916 la teoría general de la relatividad de Einstein señaló que, en efecto, era algo real.

Ilustración de un anillo de Einstein, en la que la luz de una galaxia lejana se curva alrededor de un agujero negro entre dicha galaxia y la Tierra. La luz sigue la deformación del espacio, pero este efecto se observa mejor cerca de un agujero negro.

Una década después de poner la física cabeza abajo con la relatividad especial, Einstein desarrolló una teoría general que situaba sus ideas en un universo más cotidiano. Consistía en una actualización de las leyes de gravitación newtonianas, que aunque era impecable para predecir el movimiento de las pelotas de béisbol, el nuevo avión de los hermanos Wright o la trayectoria de los proyectiles de artillería, no podía explicar toda la complejidad del movimiento planetario. También algunas pequeñas inexactitudes, cuando se escalaban a la inmensidad del espacio –que cada vez se comprendía mejor– acababan siendo errores de peso.

UNA CURVA DE LÍNEAS RECTAS

Para solucionar estos problemas, Einstein dispuso un universo en el que el espacio y el tiempo eran cuatro caras de la misma moneda (después afirmó que había más dimensiones en juego). Eso quería decir que la geometría del espacio no era exactamente de la manera en que la percibimos. El trayecto más corto de un punto a otro es siempre una línea recta. Sin embargo, en el espacio esa línea recta es curva, y puede sufrir varios giros y vueltas. Esto se debe a que la masa dobla el espacio, y las líneas en superficies curvas siguen un conjunto diferente de reglas. Si medimos las distancias en estas líneas curvas con una hipotética (e inmensa) regla, pensaremos que es perfectamente recta. Pero eso se debe a que nuestra regla también está curvada por la red deformada del espacio-tiempo.

La cantidad de curvatura en el espacio depende de la cantidad de masa. El Sol genera más depresión en el espacio-tiempo que la Tierra, un «pozo de gravedad» más

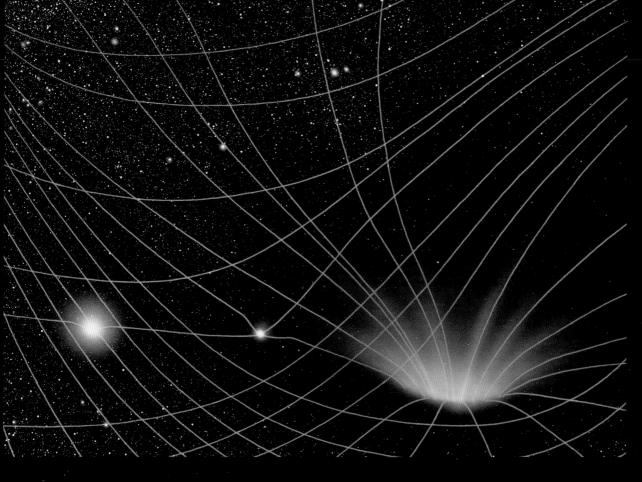

profundo. La Tierra es empujada hacia el Sol, hacia su pozo de gravedad. Por fortuna, la velocidad orbital de nuestro planeta es lo suficientemente alta como para dar vueltas y más vueltas alrededor del pozo y no caer en su menos hospitalario centro. Es una buena manera de visualizar la forma en que actúa la fuerza de gravedad: imaginemos a Newton asomarse a un pozo de gravedad con una manzana cayendo en picado.

La teoría de Einstein también explica algunos efectos más extremos. Predijo que el trazado de la luz que llega desde una estrella cerca del borde del Sol –vista desde la Tierra– se curvará a medida que atraviesa la gravedad del Sol, haciéndolo parecer fuera de posición. Esas estrellas periféricas quedaban ocultas bajo el resplandor del Sol, pero en 1919, Arthur Eddington midió sus posiciones cuando se hicieron visibles durante un eclipse solar. Sus resultados respaldaron la teoría de Einstein. ¡La relatividad era realidad!

La predicción de Karl Schwarzschild respecto a los agujeros negros se conoció en un principio como el radio de Schwarzschild. El término «agujero negro» no se acuñó hasta la década de 1950.

LA CREACIÓN DE SCHWARZSCHILD

En 1915, mientras Einstein apuraba los toques finales a su teoría general, el genio publicó algunas ecuaciones de campo que ofrecían las relaciones entre energía, masa, espacio y tiempo. Karl Schwarzschild, un matemático en excedencia –para luchar en la Primera Guerra Mundia– las usó para calcular cómo de pequeña debía ser una estrella antes de que su velocidad de escape (la velocidad necesaria para escapar de su pozo gravitatorio) alcanzase la velocidad de la luz. A diferencia de Laplace, Schwarzschild sabía que la velocidad de la luz era una constante que no podía rebasarse, y que este *cuerpo oscuro* –con el tiempo, «agujero negro»– sería un objeto extraño. El radio de Schwarzschild es el tamaño del horizonte de sucesos, una línea imaginaria en el espacio llamada así por el concepto de que cualquier cosa que lo supere nunca podrá regresar. Nunca podremos mirar dentro de un agujero negro, porque nada sale de él, ni siquiera la información. Sin embargo, 60 años más tarde se llegó a ver un poquito de su interior.

56 | Islas en el espacio

No todo lo que parpadea es una estrella. Galileo había visto que la niebla pálida de la Vía Láctea era producida por una multitud de estrellas, demasiadas como para ser contadas. William Herschel trazó un mapa estelar en un disco plano, e hizo que nuestro Sistema Solar formase parte de lo que se llamó la «Galaxia». Sin embargo, cuando los astrónomos comenzaron a ver objetos que aparecían fuera de la galaxia, surgió la pregunta. ¿Hay universo más allá de la Vía Láctea?

A principios del siglo XX, el astrónomo danés Jacobus Kapteyn llevó a cabo el mayor estudio hasta entonces sobre la Vía Láctea. Descubrió que era una región plana, con forma de disco y abultada en el centro, y que poco a poco se hacía más difusa, cuando las estrellas más lejanas a su centro se espaciaban. En línea con las creencias que se impusieron desde Herschel, esto confirmaba una «isla universo» de 60 000 años luz de diámetro (más tarde se observó que era cinco veces mayor) y un grosor de 10 000 años luz.

La idea de un universo vacío y oscuro, en el que solo brillaba un cúmulo de estrellas (donde se localizaba la Tierra) convencía a muchos, pero los astrónomos expresaban sus dudas. Incluso William Herschel reflexionó sobre la posibilidad de que algunas de las nebulosas, las «pequeñas nubes» o manchas de luz amorfas, fueran islas distantes dentro del vacío del espacio. Al final descartó la idea, pero quedó latente en el trabajo de catalogadores como Messier, que halló una variedad de objetos nebulosos, cuyo origen común parecía poco probable. El Leviatán de Parsonstown, el telescopio irlandés gigante, había demostrado que varias nebulosas compartían la forma de disco giratorio de la Vía Láctea. La pregunta seguía en el aire: ¿estaban estos objetos en la Vía Láctea o más lejos? Harían falta telescopios aún más grandes para responder a estas preguntas.

Edwin Hubble utilizó el telescopio más potente del mundo para concluir con pruebas irrefutables que el universo se componía de más de una galaxia (en realidad, de unos cuantos de miles de millones más).

COLISIÓN ENTRE GALAXIAS

Desde nuestro punto de vista terrestre, las galaxias parecen más bien vacías, con grandes distancias entre ellas. Sin embargo, una galaxia se mantiene unida por una leve fuerza gravitatoria entre sus estrellas, y, en conjunto, las galaxias ejercen fuerza entre sí. De vez en cuando, la gravedad hace que las galaxias choquen entre sí, y se fusionan en una sola. La galaxia de los ratones (abajo, llamada así por sus largas colas) es el producto del choque de otras dos.

LUZ Y DISTANCIA

Hacia 1908, se habían observado más de 15 000 nebulosas. Parecían caer en dos grandes grupos: manchas difusas ubicadas cerca de la Vía Láctea, y discos simétricos y espirales, más difíciles de localizar. El análisis espectrográfico de la luz de estas nebulosas reveló que los miembros del primer grupo eran nubes de gas frío –con la estrella dentro–, mientras que el segundo conjunto emitía una luz similar a la de las estrellas sueltas.

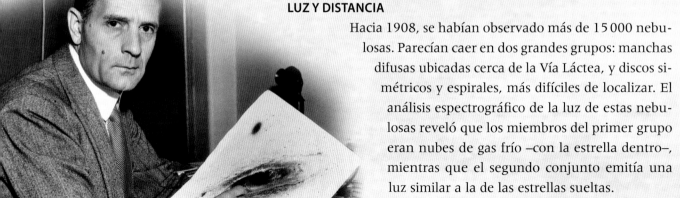

El foco de atención se trasladó a Mount Wilson, California, donde en 1917 un telescopio mayor que Leviatán comenzó a observar las nebulosas. El Telescopio Hooker tenía un espejo de 2,5 m de diámetro, y se alzaría como el rey de los telescopios durante los siguientes 30 años. Una de las primeras cosas que vio fueron las novas – brillantes estrellas «nuevas» que aparecían como de la nada– junto con algunas de las nebulosas. Eran mucho más tenues que las novas observadas en la Vía Láctea, pero suponiendo que todas las novas fueran de magnitud similar, ¡esto demostraría que esas nebulosas estaban a un millón de años luz de distancia! Esto siguió siendo una conjetura durante algunos años más, hasta que, en 1924, Edwin Hubble, en el Observatorio Mount Wilson, halló cefeidas variables en los objetos Messier 31 y 33, y otras nebulosas en forma de disco. La tenue luz de esos puntos demostraba de una vez por todas que estos objetos quedaban mucho más allá de los límites de la Vía Láctea. No eran nebulosas –ese nombre ahora lo reservamos para nubes de gas espacial–, sino galaxias, universos insulares como el nuestro.

Tiempo después, otras investigaciones demostraron que las galaxias se disponen en grupos. La Vía Láctea comparte el Grupo Local (un nombre curioso, cuando menos) con la Galaxia de Andrómeda, las Nubes de Magallanes y otras 30 galaxias. A su vez, el Grupo Local está en el Supercúmulo de Virgo, junto con otros 100 grupos de galaxias. Las cifras siguen aumentando: ¡una estimación conservadora del número total de galaxias llega a los 125 mil millones!

Esta galaxia en espiral fue llamada en un primer momento Messier 81, aunque ahora la conocemos como galaxia de Bode. Está a 12 millones de años de distancia. En su centro hay un agujero negro con una masa de 70 millones de soles.

57 | El cohete Robert, un pionero del espacio

LOS COHETES DE COMBUSTIBLE SÓLIDO TIENEN MÁS DE MIL AÑOS DE ANTIGÜEDAD: EN REALIDAD, SON FUEGOS ARTIFICIALES A LO GRANDE. Los pioneros de los cohetes espaciales creían que se necesitaba la potencia de los combustibles líquidos para despegar; pero, antes, la tecnología debía progresar.

Los viajes espaciales necesitan un motor que pueda funcionar en cualquier lugar: en la plataforma de lanzamiento, en las capas altas de la atmósfera y en el vacío del espacio. Los motores que toman aire –como los motores de vapor de combustión externa y los motores de gasolina de combustión interna– fallarían a medida que el aire desapareciese a mayor altitud. Se necesita el oxígeno del aire para que el combustible se queme y libere energía.

No ocurre lo mismo con los cohetes, a los que se les define algo erróneamente como de combustible líquido (o sólido). En realidad, los cohetes de propulsión líquida transportan dos combustibles, un propulsor y un oxidante, que reaccionan con violencia cuando se mezclan, creando gases de escape que se expanden rápido. Estos gases se despiden desde una sola tobera, y las leyes del movimiento hacen el resto. El cohete empuja los gases hacia atrás, por lo que empuja el cohete hacia adelante, muy rápido. La otra gran ventaja de los cohetes de combustible líquido es que se pueden encender y apagar, un requisito crucial para cualquier explorador espacial que se precie.

Robert Goddard posa junto a unos de los primeros cohetes de combustible líquido, en 1927.

Uno de los lanzamientos de cohetes de Goddard, en 1937. Por entonces, sus «vehículos para alcanzar altitudes extremas», como él los llamaba, estaban siendo superados por otros, en especial por los de los ingenieros de la Alemania nazi.

UN SUEÑO ESPACIAL

La historia dice que el estadounidense Robert Goddard sintió la necesidad de volar al espacio al trepar a un árbol cuando era adolescente. Imaginó bajo sí un cohete espacial cuyo combustible era comida, listo para una misión a Marte. Diecisiete años más tarde, en 1926, Goddard lanzó el primer cohete de combustible líquido –seguirían muchos más– que alcanzó velocidades justo por debajo de la barrera del sonido. Su dispositivo funcionaba con gasolina y oxígeno licuado (líquido a bajas temperaturas y alta presión). El primer vuelo tuvo lugar en las nieves de Nueva Inglaterra, lo que ayudó a enfriar el oxígeno, pero duró solo unos segundos, antes de que la tobera se quemase y el aparato chocara contra un campo de coles. La evolución en el diseño dio como resultado la formación ahora clásica de tanques de combustible conectados a una cámara de combustión en la base del cohete.

58 El universo en expansión

AL IGUAL QUE LAS SIRENAS DE LA POLICÍA O QUE EL AVISO DE LOS TRENES CAMBIA DE TONO CUANDO PASAN CERCA DE UN OBSERVADOR, un efecto parecido varía el color de las estrellas, y nos muestra si se alejan o se acercan hacia nosotros. En 1929, se descubrió que todas se estaban dispersando.

EL CORRIMIENTO AL ROJO

El color de la luz es la manera en que nuestros cerebros perciben la longitud de onda de la luz. La luz roja tiene una longitud de onda mayor que la azul. Cuando un objeto de aleja, la longitud de onda se alarga, lo que provoca que sus colores se desplacen hacia el rojo. Habría corrimiento hacia el azul si la fuente se moviese hacia el observador, ya que la longitud de onda se comprimiría.

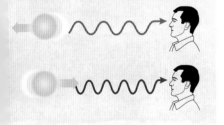

El fenómeno del modo en que un sonido cambia de tono según el movimiento de su fuente en relación con un observador se llama «efecto Doppler» y fue enunciado por primera vez en la década de 1840, por el nombre de su impulsor austríaco. Quizás hoy resulte sorprendente que fuera un astrónomo, ya que la manifestación audible del efecto es una experiencia cotidiana, pero no tanto por aquel entonces. Christian Doppler fue un estudioso que describió la luz proveniente de estrellas binarias en una rápida órbita mutua.

EL ACERCAMIENTO DE ANDRÓMEDA

En 1894, Vesto Slipher dirigió el telescopio gigante del Observatorio Lowell en Arizona hacia lo que se conocía como la Nebulosa de Andrómeda. Su jefe, Percival Lowell, quería ver si esta y otras formaciones espirales eran en realidad sistemas solares incipientes formados por un remolino caliente de polvo y gases. Slipher empleaba un espectrómetro para buscar elementos distintivos como el hierro y el silicio, que podrían indicar la formación de un planeta rocoso. En cambio, descubrió que los espectros tenían longitudes de onda más altas de lo esperado y dedujo que este era el efecto Doppler de Andrómeda que se precipitaba hacia la Tierra.

TODO SE MUEVE

Tras dos décadas de estudios, Slipher descubrió que las galaxias más distantes, más allá de nuestro Grupo Local, se desplazaban hacia el rojo, lo que significa que se alejaban de nosotros y de todo lo demás, y rápido; algunas velocidades eran de 1 800 km/s. En 1929, Edwin Hubble descubrió que el corrimiento al rojo de un objeto era proporcional a la distancia. El universo se estaba expandiendo, y crecía a medida que envejecía.

Edwin Hubble estudió el corrimiento al rojo a finales de la década de 1920 mediante el telescopio Hooker. Equipado con un espejo de 2,5 m, y situado bajo un cielo oscuro y limpio, a 1 700 m de altura en la cima del californiano monte Wilson, era el telescopio más potente en su momento.

59 ¿El último planeta?

EL OBSERVATORIO LOWELL VOLVIÓ A SER NOTICIA EN 1930, CUANDO ALLÍ SE DESCUBRIÓ LO QUE PARECÍA SER UN NOVENO PLANETA. Unas perturbaciones en la órbita de Neptuno hacían pensar que el Planeta X no andaba muy lejos.

El Observatorio Lowell empezó a estudiar la eclíptica del Planeta X en 1906. En 1916, Percival Lowell falleció y su observatorio inició una serie de disputas sobre su financiación con la viuda, Constance, quien detuvo el proyecto hasta 1929. Clyde Tombaugh, un investigador de 23 años, recibió el encargo de seguir la búsqueda. Pasó un año tomando imágenes del cielo cada dos semanas, que comparaba para ver qué había cambiado de sitio. Su descubrimiento de un objeto errante, en 1930, se ganó grandes titulares por todo el mundo, y hubo un avalancha de nombres para bautizarlo (Constance Lowell propuso Percival o Constance). Al final, el objeto fue llamado Plutón, el dios del inframundo, después de que una escolar de 11 años dijese que debía hacer mucho frío tan lejos del Sol. Sin embargo, tras 76 años como el noveno planeta del Sistema Solar, el pequeño Plutón fue rebajado al estatus de planeta enano. Ahora sabemos que el Planeta X no existe.

Clyde Tombaugh utilizó un microscopio de parpadeo o estereocomparador para alternar entre las fotos –en un abrir y cerrar de ojos– y así revelar cualquier cambio de posición de un objeto.

60 La muerte de las estrellas

EN LA DÉCADA DE 1930, LAS ESTRELLAS MUY CALIENTES PERO MUY PEQUEÑAS, LLAMADAS ENANAS BLANCAS, RECIBÍAN MUCHA ATENCIÓN. Se había descubierto que eran muy densas, con sus átomos más juntos de lo que era posible en la Tierra. La estructura de este material extraño puso a pensar a un astrónomo indio durante un largo viaje oceánico hasta Inglaterra.

Subrahmanyan Chandrasekhar debía saber que la «materia degenerada» en las enanas blancas se consideraba la etapa final de una estrella, donde la enorme gravedad condensaba los restos en una estrella ultradensa. Los átomos en el interior no se mantenían unidos por enlaces químicos normales, sino que se aplastaban, y solo se mantenían separados debido a la fuerza repelente entre sus electrones. Una enana blanca con la misma masa que el Sol tendría aproximadamente el tamaño de la Tierra, y aún más extraño, las estrellas con más masa serían más pequeñas, no más grandes.

Chandrasekhar calculó cuánta masa podría tener una enana blanca más allá incluso de que las fuerzas repelentes entre los electrones no fueran suficientes para mantenerlos separados. La respuesta que obtuvo fue de 1,4 masas solares. Hizo público este «límite de Chandrasekhar» en 1931 y generó un debate sobre qué sucedía con las estrellas superiores a dicho límite.

LAS SUPERNOVAS Y LAS ESTRELLAS DE NEUTRONES

Otra posible respuesta era que colapsaran en agujeros negros, los cuales, aunque ya se habían descrito, eran aún solo un concepto teórico. En cualquier caso, las matemáticas decían que debían de tener, como poco, al menos 10 veces más de masa que el Sol, así que: ¿dónde estaban el resto de estrellas gigantes? En 1934, Fritz Zwicky y Walter Baade afirmaron que estas estrellas gigantes morían en enormes explosiones, que llamaron supernovas. En ellas vieron la fuente de los rayos cósmicos y pensaron que su producto final era una estrella de neutrones, formada tan solo por neutrones (unas partículas atómicas que se habían descubierto un año antes). ¡Una estrella de neutrones con la masa del Sol ocuparía 12 km de diámetro! Baade y Zwicky utilizaron telescopios de gran angular para buscar supernovas y encontraron docenas, pero las estrellas de neutrones permanecieron ocultas durante unas décadas más.

La teoría de Baade y Zwicky consistía en que la enorme gravedad dentro de una estrella gigante colapsaría los átomos del interior hasta convertirlos en neutrones. Eso liberaría una onda expansiva de energía como la que vemos a la izquierda, que podría tomarse como una nueva estrella, o una nova, solo que con mucha más energía. Por tanto, recibe el nombre de «supernova».

61 Materia oscura

AÚN NOS FALTA LA MAYORÍA DEL UNIVERSO. EN 1932, JAN OORT DESCUBRIÓ QUE LA VÍA LÁCTEA estaba rotando demasiado rápido para la cantidad de materia que acumulaba. Fritz Zwicky, que observó un movimiento similar en otras galaxias, llamó a la materia invisible *dunkle materie*, lo que hoy conocemos como «materia oscura».

La propuesta de Zwicky era que la oscuridad del espacio vacío no estaba tan vacía. Al contrario, había material que no emitía luz y, por lo tanto, no se podía ver directamente. Solo se pudo detectar su contribución a la gravedad. Nadie prestó mucha atención a la materia oscura –demasiado complicada de observar– durante 40 años. Tiempo después, en la década de 1970, la cantidad de materia oscura se midió con luz de lentes gravitatorias, observando cómo se dobla a través del espacio deformado por la materia. ¡Se descubrió que la materia oscura abundaba cinco veces más que la materia «de toda la vida»!

Nadie sabe qué es la materia oscura. Se barajan dos posibilidades: que sea WIMP (acrónimo del inglés original *Weakly Interacting Massive Particles*, o partículas masivas que interactúan débilmente): tienen masa pero no interactúan con detectores; o MACHO (acrónimo del inglés original *Massive Astrophysical Compact Halo Objects*, u objetos astrofísicos masivos de halo compacto), un nombre simpático para agujeros negros, estrellas de neutrones y enanas marrones. Y, por supuesto, podría no ser nada de eso.

Ilustración que trata de mostrar lo que no podemos percibir: la materia oscura.

62 | La energía del Sol

EL SOL HA SIDO UNA PRESENCIA CONSTANTE A LO LARGO DE LA HISTORIA DE LA TIERRA: HA PROPORCIONADO EL CALOR Y LA LUZ QUE HICIERON LA VIDA POSIBLE. El funcionamiento de nuestra estrella fue un misterio hasta el desarrollo de la física cuántica en la década de 1920. Ahora creemos que es un astro de lo más común.

Desde hace tiempo se sabía que la luz solar parece blanca porque contiene un arcoíris lleno de colores: el espectro, como Newton lo denominó en la década de 1670. En 1800, William Herschel repitió los experimentos ópticos de Newton, dividiendo la luz solar en sus colores constituyentes. Dispuso un termómetro de mercurio –que no existía en los días de Newton–, para ver cómo contribuía cada color al calor, y descubrió que el termómetro aumentaba la temperatura más rápido cuando se posicionaba próximo al rojo, pero no en él. La conclusión fue que el calor del Sol (o cualquier otra cosa) brilla como radiación infrarroja («por debajo del rojo»).

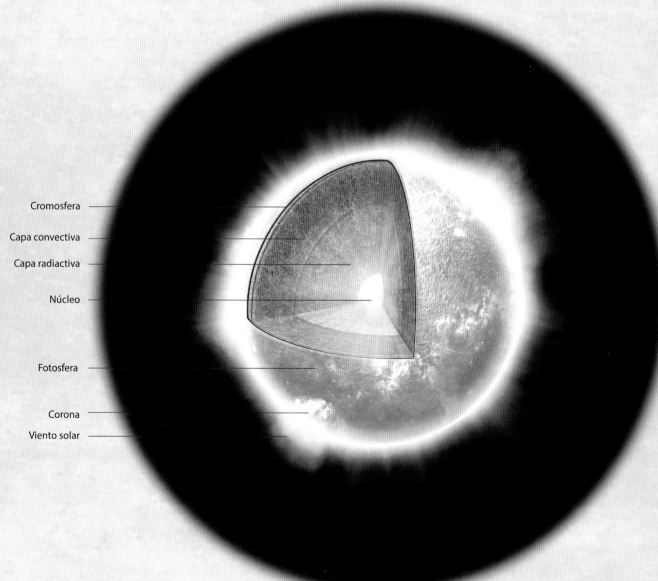

Cromosfera

Capa convectiva

Capa radiactiva

Núcleo

Fotosfera

Corona

Viento solar

El Sol es una inmensa bola de plasma, compuesta principalmente de átomos de hidrógeno. Nuestra estrella tiene 1,4 millones de km de diámetro, pero es una cantidad promedio. La masa del Sol se convierte poco a poco en energía. Cada segundo se hace cuatro millones de toneladas más ligero.

DE CALIENTE A FRÍO

Las leyes de la termodinámica, que rigen la forma en que se comporta la energía, dicen que la energía térmica se desplaza de sitios calientes a sitios fríos, por lo que el Sol está muy caliente. En la década de 1850, se pensaba que el Sol estaba hecho de líquidos ardientes. Lord Kelvin –una destacada figura en termodinámica– afirmó que la fuente de luz del Sol llegaba como consecuencia de la enorme energía gravitatoria de los fluidos convertidos en radiación.

A principios de siglo, Ernest Rutherford, el padre de la física nuclear, sostenía que el calor provenía de la radiactividad originada en lo profundo del Sol. Sin embargo, en la década de 1920, Arthur Eddington, una eminencia de la astronomía británica, que acababa de haber sido aplaudido por ayudar a Einstein a probar la teoría de la relatividad (sus resultados fueron un tanto extraños, pero la historia lo ha perdonado), entró en el debate. Propuso que los átomos del Sol estarían bajo tal fuerza que los electrones externos serían liberados, con lo que quedaría una bola de plasma hirviendo.

MATERIAL EXPRIMIDO

Se había encontrado helio en la superficie del Sol, y más tarde se demostró que era un gas súper ligero, tan solo más pesado que el hidrógeno. Eddington sostuvo que el helio se producía por átomos de hidrógeno fusionados, y esta «fusión nuclear» era la fuente del calor y la luz del Sol. En ese momento se pensaba que los elementos metálicos eran los componentes principales de las estrellas, ya que era lo que se veía con claridad mediante los espectrógrafos. En 1925, Cecilia Payne demostró que el hidrógeno, y luego el helio, estaban presentes en cantidades mucho mayores en las estrellas que en la Tierra. Finalmente, en 1939, Hans Bethe, un físico alemán, descubrió los pasos atómicos bajo los que se producía la fusión.

Las grandes presiones necesarias para la fusión solo se encontraron en el núcleo del Sol, desde donde irradia energía, dispersándose en todas las direcciones a medida que rebota en todo el plasma denso. Tras miles de años, llega a la zona exterior convectiva, donde viaja a la superficie en grandes corrientes de plasma caliente. Solo entonces se libera la energía, en forma de calor y luz que brilla en el espacio, y llegan a la Tierra ocho minutos después.

FUSIÓN NUCLEAR

La estructura de los átomos de hidrógeno es sencilla: un electrón cargado negativamente que se mueve alrededor de un único protón cargado positivamente. En el plasma de una estrella, los átomos chocan entre sí, por lo que los protones y los electrones se separan. En condiciones normales, las cargas positivas de los protones harían que las partículas se repeliesen entre sí, pero en el núcleo de una estrella chocan con tal fuerza que a veces se fusionan. No es tan sencillo de explicar como dos protones que se unen para formar el núcleo de un átomo de helio. Bien al contrario, la fusión nuclear sucede a través de una serie de pasos, donde un protón se une con neutrones (partículas de tamaño similar pero sin carga) para generar formas más pesadas de hidrógeno. Dos de estas formas pesadas, o isótopos, se fusionan en un núcleo de helio (que contiene dos protones y dos neutrones). ¿De dónde vienen los neutrones? Cuando dos núcleos de hidrógeno (cada uno, un protón) se fusionan, uno pierde un poco de masa y se convierte en un neutrón. La masa perdida se libera como radiación y también como partículas extrañas llamadas neutrinos, muy comunes pero casi imposibles de detectar.

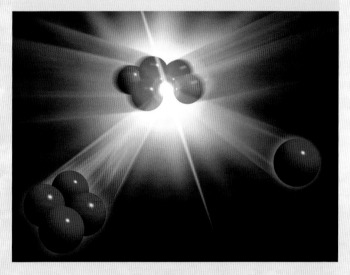

63 | Bombas espaciales

QUIZÁ NO NOS TENGAMOS QUE SORPRENDER: LOS PRIMEROS ARTEFACTOS HUMANOS EN SALVAR LA ATMÓSFERA FUERON MISILES cargados de explosivos, cuyo paso por el espacio no suponía más que una escala obligatoria en su trayectoria hacia su objetivo destructor.

Los pioneros de los cohetes modernos tenían sus cabezas en las estrellas, pero la tecnología tenía sus pies en las armas, y cuando los tambores de guerra sonaron una vez más durante la década de 1930, surgió la posibilidad de desarrollar nuevas armas. El destacado ingeniero de cohetes soviético, Sergei Korolev, fue encarcelado por Stalin por cargos falsos, lo que supuso detener la tecnología de los misiles rusos. Robert Goddard había hecho mucho para desarrollar cohetes de combustible líquido, pero para el ejército de EE. UU. no supuso una prioridad. En cambio, los cohetes de combustible sólido se convirtieron en un arma menos costosa y más efectiva.

ARMA DECISIVA

Esto contrastaba con las actividades de Wernher von Braun, un joven ingeniero de cohetes alemán que comenzaba su carrera como asistente de Hermann Oberth, otra figura destacada en los cohetes de combustible líquido. Oberth no fue el único mentor de von Braun. Hasta el estallido de la guerra en 1939, el alemán –por entonces miembro del Partido Nazi, como todas las figuras académicas – estuvo en contacto frecuente con Goddard, aunando sus cerebros en sistemas de dirección y enfriamiento.

Los altos costos que impedían a otras potencias el desarrollo de cohetes a gran escala suponían un problema menor para las autoridades alemanas, que tenían acceso a mano de obra esclava en sus campos de concentración. Y cuando el devenir de la Segunda Guerra Mundial se volvió contra Hitler, dedicó recursos cada vez mayores en busca de armas aéreas que pudiesen golpear el corazón de sus enemigos. La primera fue el V-1 con propulsión a chorro, un dron no pilotado, lleno de explosivos, que caía del cielo tras un periodo preestablecido de vuelo. Sin embargo, el V-1 era vulnerable al fuego antiaéreo, por lo que apareció el cohete V-2: era un vehículo de 14 m de altura que volaba a una altitud de más de 100 km y de un alcance de 320 km. Caía a tierra a cuatro veces la velocidad del sonido, demasiado rápido para ser detectado y destruido por las defensas aéreas.

El primer V-2 en llegar al espacio se lanzó en 1944 y poco después los V-2 atacaron Inglaterra, Francia y Bélgica. En efecto, los cohetes causaron pavor en los enemigos de Hitler, pero no eran armas muy efectivas, y cada uno de ellos mató a una media de dos personas.

El V-2 era un arma muy cara, cuyo desarrollo costó más que la bomba atómica del Proyecto Manhattan. Tras la guerra, se descubrieron submarinos cargados con V-2, dispuestos a atacar a EE. UU.

64 | El hombre cohete

EL BELL X-1 ERA UNA BALA CON ALAS, CONSTRUIDO PARA UN SOLO PROPÓSITO: VOLAR MÁS RÁPIDO QUE EL SONIDO. ¿Podría un humano sobrevivir a tal velocidad? En 1947, Chuck Yeager se convirtió en ese hombre. Su supervivencia abrió la puerta a los vuelos de cohetes tripulados al espacio.

Para su vuelo fundacional, Chuck Yeager bautizó a su X-1 como «Glamorous Glennis» en honor a su esposa.

El X-1 era un cohete de combustible líquido con alas y una cabina. Cuando se construyó en 1945, existían muy pocos aviones a reacción. En contraste, la tecnología de cohetes estaba muy por delante. Ya en 1928, Alexander Lippisch, un alemán, había diseñado el cuerpo de un planeador equipado con dos motores de cohete de combustible sólido. Un cohete de combate de combustible líquido, el Me-163 Komet («Me» viene de Messerschmitt) entró en acción en los últimos días de la Segunda Guerra Mundial. Tenía un diseño de «ala voladora» similar al de Lippisch y podía volar a 970 km/h, la velocidad de un avión moderno. Sin embargo, era difícil de pilotar y permanecía en el aire durante unos minutos antes de quedarse sin combustible.

EL MOMENTO CRUCIAL

Los pilotos del Bell X-1 también saborearon el riesgo. Las alas achatadas de este avión ayudaban a que cortase el aire de manera eficiente, pero no lo hacían volar bien a bajas velocidades. Por tanto, el X-1 no despegó por sus propios medios, sino que se dejó caer desde un avión bombardero y el motor del cohete se encendió al caer. El avión fue probado por la compañía Bell en nombre del ejército de EE. UU. y el NACA (Comité Asesor Nacional de Aeronáutica, que luego se convirtió en la NASA), con pilotos que poco a poco fueron más rápido y más alto para ver cómo se comportaba el avión. Ya en octubre de 1947 se decidió que era hora de vencer la barrera del sonido, y el capitán Yeager recibió el encargo. Este fue un vuelo a lo desconocido. Nadie sabía si los dispositivos de control del avión funcionarían a esta velocidad. Yeager vivió para escuchar el boom sónico. Después, los aviones X se hicieron más rápidos y volaron más alto, hasta el límite del espacio. Varios pilotos intercambiaron sus trajes de vuelo por trajes espaciales y se convirtieron en los primeros astronautas.

65 | Big Bang

SI EL UNIVERSO SE EXPANDE CON EL TIEMPO, TUVO QUE SER MÁS PEQUEÑO EN EL PASADO. Esto quiere decir que si pudiésemos echar el tiempo hacia atrás, todo el espacio se condensaría en un solo punto. ¿Así empezó el universo?

El reverendo Richard Bentley, un clérigo del siglo XVII afincado en Worcester, Inglaterra, recibió el encargo de interrogar a Isaac Newton sobre su nueva idea de que el universo se mantenía unido por la gravedad. Bentley hizo un muy buen trabajo, preguntando por qué, si el universo era finito y estático, la gravedad no lo empujaba todo hacia un colapso final. La respuesta de Newton fue que el universo era infinito y por lo tanto estable. Dinámico, no estático.

Sin embargo, 250 años después, Albert Einstein no estaba satisfecho de poder establecer un universo estático, finito o infinito. Sus sucesores, como otro clérigo, el abate belga George Lemaître, que también resultó ser un físico destacado, se dieron cuenta de que la única forma posible del universo era dinámica: en expansión o en contracción. Un universo en compresión parece poco factible: probablemente ya se habría colapsado. La prueba de Hubble de un universo en expansión (1929) llevó a Lemaître a proponer que el universo dinámico había comenzado en una explosión monumental. Con tanta intuición como teoría, Lemaître sugirió que un átomo primigenio se disgregó en todos los átomos que forman el universo observable, que explotó desde un solo punto en un pasado distante y que se había dirigido en esa dirección desde entonces.

La idea convocó por igual a partidarios y detractores. Uno de los últimos fue responsable de darle su nombre actual: Fred Hoyle, un eminente astrónomo, lo describió como un «gran estallido», a la par que proponía su alternativa, la teoría del estado estacionario, que proponía que la materia se agrega continuamente al universo, a medida que se expande.

En 1948, un artículo de Alpher, Bethe y Gammow (un juego de palabras con las primeras tres letras griegas) propuso que el universo se había desarrollado a través de la fusión continua de partículas primordiales en formas más complejas y masivas. Este proceso iba de la mano de un universo cada vez más frío y extenso, desde un pasado cálido y denso a un futuro frío y difuso. ¿Había pruebas de este universo joven y tumultuoso? Solo el tiempo y mejores telescopios serían capaces de arrojar luz.

Al Big Bang se lo presenta a menudo como una explosión, lo que conduce a muchos a imaginar una luz brillante que se expande en la oscuridad desde un punto. En realidad la explosión sucedió en todas partes al mismo tiempo. Solo que «en todas partes» –todo el espacio– era un solo punto en ese momento.

66 | Factorías de átomos

MÁS DEL 99% DE LA MASA DEL SISTEMA SOLAR ESTÁ EN EL SOL, QUE EN SU GRAN MAYORÍA ES PLASMA DE HIDRÓGENO Y HELIO. Sin embargo, en la Tierra estos elementos son, en comparación, escasos. En cambio, abundan otros elementos con átomos más pesados y complejos, como el oxígeno, el carbón o el hierro. ¿De dónde llegaron esas sustancias?

El Big Bang no originó los átomos, o desde luego no desde un principio. En el bullicioso calor del primer universo, la masa y la energía aún no se habían diferenciado: todo era lo mismo en aquel entonces. A medida que el universo se expandió, su contenido se extendió un poco y se enfrió, y comenzó a consolidarse en partículas subatómicas, como quarks y electrones –el material con el que están construidos los átomos– y una serie de añadidos más exóticos, algunos con carga, otros sin ella. Algunos incluso fueron «condimentados» (en la jerga).

Sin embargo, a la vez, se gestaba lo mismo, pero contrario a esta materia, en forma de antimateria como los positrones (antielectrones) y los antiquarks, entre otras antipartículas. La materia y la antimateria no se aniquilan entre sí al encontrarse, sino que emiten radiación. Obviamente, la aniquilación no fue del todo completa. Por razones que aún no se conocen del todo, había más partículas que antipartículas, por lo que con lo que quedaba se formó el universo: el Sol, los planetas, nosotros y billones y billones más de sistemas solares (puede que haya regiones del universo a base de antimateria, pero no las hemos visto hasta la fecha).

A finales de la década de 1940, Fred Hoyle descubrió que los elementos más pesados abundaban más en las galaxias más antiguas que en otras más recientes, lo que le llevó a pensar que no todos los átomos del universo se crearon durante el Big Bang.

ACELERADOR DE PARTÍCULAS

La curiosidad científica había deparado que algunas personas rompieran átomos para ver si se fusionaban, varios años antes de las primeras teorías sobre sus orígenes astronómicos. Se utilizaron potentes campos eléctricos para disparar núcleos atómicos. Los primeros aceleradores se llamaron ciclotrones. Estos dispositivos enviaban pequeños núcleos en espiral sobre átomos más pesados. Así se lograron los primeros elementos artificiales. Los aceleradores lineales, como el de abajo de 1947, disparaban objetos en línea recta. Estos dispositivos se desarrollaron más tarde para la radioterapia médica..

UN COMIENZO SENCILLO

Así que tras este período de aniquilación (todo terminó en menos de 10 segundos), las partículas subatómicas que sobrevivieron tuvieron vía libre y formaron átomos. Los tríos de quarks formaron protones. Estos se convirtieron en los primeros núcleos atómicos, y tras 370 000 años, más o menos, el universo se había enfriado lo suficiente como para que los protones cargados positivamente se unieran con electrones cargados negativamente. Los protones se unieron con un electrón para formar los primeros átomos, todos de hidrógeno. Ese primer y enérgico universo fusionó algunos de estos átomos primigenios en helio, pero el hidrógeno producido entonces se extiende ahora por el espacio. Incluso hoy, tres cuartos de todos los átomos son de hidrógeno, los generados tras el Big Bang.

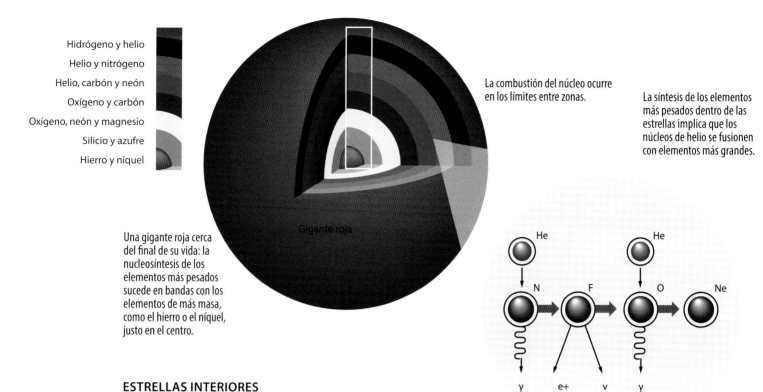

Hidrógeno y helio
Helio y nitrógeno
Helio, carbón y neón
Oxígeno y carbón
Oxígeno, neón y magnesio
Silicio y azufre
Hierro y níquel

La combustión del núcleo ocurre en los límites entre zonas.

La síntesis de los elementos más pesados dentro de las estrellas implica que los núcleos de helio se fusionen con elementos más grandes.

Gigante roja

Una gigante roja cerca del final de su vida: la nucleosíntesis de los elementos más pesados sucede en bandas con los elementos de más masa, como el hierro o el níquel, justo en el centro.

ESTRELLAS INTERIORES

Durante los siguientes mil millones de años, la gravedad dispuso el hidrógeno en nubes, más tarde esferas, que, cuando fueron lo suficientemente grandes como para impulsar un núcleo de fusión, se convirtieron en las primeras estrellas. En la década de 1950, un equipo de cuatro astrofísicos comenzó a investigar lo que sucede dentro de una estrella durante su vida útil. Geoffrey Burbidge, Margaret Burbidge, William Fowler y Fred Hoyle, conocidos por sus iniciales B^2FH, emplearon simulaciones por ordenador, diseñadas para probar armas nucleares, para investigar lo que sucedía en los núcleos estelares. Al hacerlo, cartografiaron los fundamentos de la nucleosíntesis, el proceso en el que se formaban dentro de las estrellas los átomos más pesados que el hidrógeno y el helio.

El suministro de combustible de hidrógeno de una estrella no es infinito y, a medida que se agota, la estrella se convierte sobre todo en plasma de helio. Los núcleos de helio tienen casi cuatro veces más de masa que el hidrógeno original, por lo que forman un núcleo central de fusión. El hidrógeno restante continúa fusionándose en capas alrededor del helio. Como resultado, el núcleo de la estrella se hace más grande y más caliente, lo que a su vez provoca que el resto de la estrella se expanda y forme una gigante roja. Gigante porque es cientos de veces más grande que su forma enana primaria, y roja porque su superficie es más fría: la energía térmica se extiende más débilmente sobre su enorme superficie. Este es el destino de todas las estrellas, como el mismo Sol en unos cinco mil millones de años.

En el núcleo del gigante rojo, tres helios se fusionan para formar un núcleo de carbono. Cuando el helio se agota, se usa el carbono para producir oxígeno, sodio y neón, que a su vez crean una familia completa de elementos más pesados y también sustancias de peso medio como el hierro o el níquel. En la mayoría de las estrellas, la fusión se detiene allí, y la estrella que se enfría acaba siendo un núcleo caliente: una enana blanca. Sin embargo, las supergigantes se convertirán en supernovas, y en la fuerza de esa explosión se forman elementos pesados –y mucho menos abundantes– como el oro, el mercurio y el uranio. Como decía la canción: «Somos polvo de estrellas».

67 | Compañeros de viaje

EL AÑO GEOFÍSICO INTERNACIONAL EN 1957 QUERÍA SER UN MEDIO PARA SUAVIZAR LAS TENSIONES DE LA GUERRA FRÍA, con colaboraciones entre científicos de todo el mundo, especialmente de EE. UU. y de la Unión Soviética. Pero el resultado fue un nuevo impulso para el enfrentamiento, esta vez por el control del espacio exterior.

Una réplica del Sputnik 1 –el auténtico ardió en la atmósfera tras tres meses en órbita– muestra lo que había en el interior de la esfera de 58 cm. Las baterías duraron 22 días, y transmitieron datos sobre la temperatura.

En la tarde del 4 de octubre de 1957, un cohete despegó de la plataforma 1 del Cosmódromo de Baikonur, en lo que entonces estaba en mitad del territorio soviético. A los pocos minutos, el primer satélite artificial alrededor de la Tierra se puso en órbita. La nave espacial se llamaba Sputnik 1, que es la palabra rusa para «satélite», pero también podría traducirse como «compañero» o «compañero de viaje». Pesaba alrededor de 80 kg y orbitaba cada 90 minutos a unos 483 km sobre la superficie, dando parte de su posición mediante un característico pitido que podrían captar los radioaficionados. Una vez que se aseguró la estabilidad de la órbita del Sputnik, la agencia de noticias rusa TASS anunció el suceso al mundo.

PISTOLETAZO DE SALIDA PARA LA CARRERA ESPACIAL

Las potencias occidentales no escucharon un pitido desde el espacio; para ellas era una declaración de la Unión Soviética de que sus misiles cohete eran los más potentes y fiables del mundo, capaces de lanzar satélites científicos en órbita, y tal vez también de llevar armas nucleares a cualquier punto del planeta. La NACA carecía de los medios para localizar el Sputnik y reclutó a astrónomos aficionados para rastrearlo. Sergei Korolev, el diseñador del Sputnik, había hecho que el cohete propulsor, que también orbitaba justo frente al satélite, fuera muy reflectante, por lo que era fácil de ver al amanecer y al atardecer.

La contribución de EE. UU. al Año Geofísico Internacional fue el Explorer 1, lanzado en enero de 1958 en un misil naval. En unos meses, una nueva agencia, la Administración Nacional de Aeronáutica y del Espacio, o NASA, reemplazó a la NACA con la misión de alcanzar a los soviéticos en la carrera espacial.

LA CIENCIA DE UN PULSO ESPACIAL

A pesar de sus credenciales científicas, el Sputnik 1 hizo poco más que medir la temperatura de la nave espacial. El Explorer 1, sin embargo, sí que descubrió algo. A pesar de ser pequeño (14 kg), la nave espacial portaba detectores de rayos cósmicos. Se temía que los detectores estuvieran defectuosos, ya que dieron cuenta de grandes áreas sin actividad, y más tarde de pequeñas regiones de alta actividad. Sin embargo, esto coincidía con las predicciones de James Van Allen, quien afirmó que el campo magnético de la Tierra barrería los rayos cósmicos en bandas, más concentradas en los polos. Los cinturones de Van Allen canalizan el viento solar hacia los polos creando espectáculos de luz: las auroras.

68 Animales espaciales

LA EXPLORACIÓN DEL ESPACIO VA DE LA MANO CON EL ANHELO DE LOS HUMANOS DE LLEGAR A OTROS MUNDOS MÁS ALLÁ DE LA TIERRA. Pero antes de que algunos hombres valientes lo consiguieran, los animales probaron primero.

En los albores de la carrera espacial existían incógnitas con el potencial de impedir los vuelos espaciales humanos. La velocidad de escape necesaria para las grandes naves es varias veces mayor que la velocidad del sonido. ¿Podría un cuerpo soportar la aceleración? Una vez en el espacio, la radiación y las temperaturas extremas podrían matar a la tripulación, mientras que el calor producido por la fricción al reingresar en la atmósfera a gran velocidad podría, literalmente, freír a la tripulación. Y, por supuesto, el cohete podría explotar.

Así que los primeros terrícolas enviados al espacio fueron unos monos llamados Albert, que fueron transportados en unos cohetes nazis V-2, capturados por el ejército de EE. UU. Ninguno de ellos sobrevivió al programa de prueba en 1948 y 1949. Albert I llegó a los 63 km y se asfixió: el espacio exterior comienza a los 100 km. Albert II llegó a los 134 km y estuvo bien hasta que su paracaídas no se abrió al aterrizar. Ni Albert III ni Albert IV batieron su récord.

Los primeros animales en llegar vivos a casa fueron dos perros rusos, Dezik y Tsygan en 1951; una perra soviética, Laika, fue la primera en órbita en noviembre de 1957 en el Sputnik 2. No había planes para llevarla a casa y sobrevivió seis horas. Tuvieron más suerte Belka y Strelka en el Sputnik 5, que regresaron ilesas de su órbita en 1960. La NASA probó su nave espacial Mercury en 1961 con un chimpancé llamado Ham. Estaba vestido con un traje espacial, por lo que no sufrió daños por la pérdida de aire en la cabina. El escenario estaba listo para que los humanos dieran el gran salto y dejasen atrás la Tierra.

Laika, que significa «ladradora» en ruso, fue apodada «Muttnik» por diversos comentaristas occidentales, menos amistosos con su figura. Estaba equipada con sensores para mostrar la respuesta de su cuerpo a la falta de gravedad. Aunque en la cabina había comida envenenada para proporcionar a Laika una muerte indolora, en realidad murió abrasada tras un fallo del sistema de soporte vital.

69 | En caída libre

A MEDIDA QUE LOS DISPOSITIVOS PILOTADOS SE ACERCABAN
POCO A POCO AL ESPACIO, SE DISEÑABA UN NUEVO TIPO DE
TRAJE DE VUELO, que con el tiempo se convertiría en el traje
espacial. En 1960, un hombre subió al espacio para probarlo.

Una cámara automática captura a Joe Kittinger antes de iniciar el mayor salto en caída libre de la historia. Cayó durante cuatro minutos y 36 segundos y alcanzó una velocidad máxima de 982 km/h. En la última década, los paracaidistas han saltado desde más alto y alcanzaron velocidades más elevadas, pero ninguno ha superado el tiempo de Kittinger en caída libre.

Contrariamente a la creencia popular, la sangre no se evapora cuando el cuerpo está expuesto al vacío. En el espacio exterior es más probable congelarse poco a poco. En exposiciones cortas, una persona pierde el conocimiento en aproximadamente 15 segundos y se infla cerca del doble de su tamaño corporal. En 1960, el piloto de la Fuerza Aérea estadounidense Joe Kittinger viajó a una altura de 31 km a bordo de un globo de helio. Aunque no podemos considerarlo «el espacio», allí la atmósfera es casi inexistente, y Kittinger usó un primer traje espacial con aire a presión normal en el interior. Sin embargo, una fuga le hizo perder temporalmente el uso de su mano derecha. Para volver a casa, Kittinger… saltó.

70 | La Carrera Espacial

MIENTRAS QUE OTRAS NACIONES PODÍAN LANZAR SATÉLITES, SOLO LAS
SUPERPOTENCIAS DE LA **G**UERRA **F**RÍA podían soñar con poner humanos en órbita.
Tras la sorpresa que supuso el Sputnik 1, esta carrera se enconó más que nunca.

Hacia 1959, la agencia espacial soviética y la NASA habían reunido a sus candidatos para el vuelo espacial humano. El programa ruso se llamó, en código, Vostok, mientras que la iniciativa estadounidense fue el proyecto Mercury. Ambos buscaron personas con un perfil similar, no demasiado altos ni pesados para la cápsula y capaces de soportar altas G (medida de aceleración), presiones bajas, y cualquier otra cosa que los evaluadores pudieran imaginar hasta reducir a los cientos de voluntarios a un equipo principal de hombres duros y atléticos.

Fueron seis los elegidos para el grupo del programa Vostok, convirtiéndose en los primeros cosmonautas, el término ruso para astronauta. El programa Mercury comenzó con siete astronautas, todos excelentes pilotos militares, con alto coeficiente intelectual y con la experiencia que les proporcionaba estar en la parte final de la treintena, 10 años mayores que sus colegas del Vostok. Los primeros cosmonautas también eran militares, pero su destreza como pilotos era menos reseñable. La nave espacial

Los Siete del programa Mercury tenían este aspecto tan (retro) futurista en 1960. Alan Shepard se sitúa atrás a la izquierda, mientras que Deke Slayton y John Glenn, en el centro de la primera fila, aún calzaban botas que distaban de ser la de unos auténticos astronautas.

Vostok estaba muy automatizada, con un único tripulante sujeto a una esfera reforzada y con poca capacidad de manejo desde el interior. La nave espacial Mercury, en cambio, tenía el cono en la parte superior del cohete, con una ventana y controles de dirección para que desde dentro el astronauta pudiera dirigir su nave espacial.

Al final, fue la tecnología de cohetes la que ganó la gloria para la Unión Soviética, cuando Yuri Gagarin fue lanzado a órbita a bordo de la Vostok 1 el 12 de abril de 1961. Un mes después, Alan Shepard se convirtió en el primer astronauta de una cápsula Mercury, aunque las limitaciones de los cohetes de la NASA restringieron el alcance de la nave Freedom 7 a un vuelo suborbital. En febrero de 1962, el cohete Atlas, más potente, puso a John Glenn en órbita (el primer estadounidense en hacer este viaje), pero por entonces la prioridad en la Carrera Espacial había pasado a situar un astronauta en la Luna.

En 2003, China se convirtió en la tercera nación en poner en órbita a humanos, con el lanzamiento de su «taikonauta» Yang Liwei. India planea enviar una «gaganauta» al espacio en 2024.

71 Navegantes del espacio

LAS MISIONES NO TRIPULADAS ENTRARON EN JUEGO EN 1962, CUANDO SE ENVIARON LAS PRIMERAS SONDAS A OTROS PLANETAS. La primera fue la Mariner 2, que visitó Venus con algunos resultados sorprendentes.

El contacto con la Mariner 2 se perdió en enero de 1963. Hoy sigue en órbita heliocéntrica.

La Era Espacial consistía en pensar a lo grande, y la idea era que algún día –¿quién sabe, en la década de 1990?– los humanos vivirían en otros planetas. Aunque la exploración interplanetaria fue impulsada en gran medida por la ciencia, el prestigio para la nación y el premio que supondría poseer territorio extraterrestre motivaron la Carrera Espacial. La sonda soviética Venera 1 se lanzó en 1961, pero nunca llegó a Venus. Al año siguiente, un error de software envió al Mariner 1 de la NASA hacia una posible colisión en el norte de Europa, por lo que fue destruida. La Mariner 2 tuvo más suerte y llegó a Venus en diciembre de 1962. Para reducir peso, la nave carecía de cohetes para frenarla, por lo que pasó solo media hora cerca del planeta. Durante su corta visita, la sonda descubrió que la atmósfera de Venus se mantenía más o menos a una temperatura constante, lo que indicaba que había calor atrapado bajo esas gruesas nubes que hacían brillar al planeta en nuestro cielo. Pero, ¿qué temperatura hacía allí abajo?

72 | Ecos eternos

EN 1964, DOS ASTRÓNOMOS –CON UNA ANTENA DE RADIO MUY SENSIBLE QUE RASTREABA LOS ÚLTIMOS SATÉLITES DE COMUNICACIÓN– tropezaron con una señal que parecía venir de todas partes al mismo tiempo. Las tenues microondas ahora se conocen como la radiación de fondo de microondas.

Wilson y Penzias inspeccionan el embudo de metal que utilizaron para detectar la radiación de fondo de microondas. Para reducir la interferencia, enfriaron la electrónica de su receptor con helio líquido a 4° por encima del cero absoluto.

Arno Penzias y Robert Wilson trataban de captar las señales que rebotaban los satélites artificiales en órbita dispuestos para las comunicaciones de microondas. Ambos científicos intentaron detectar dichos mensajes con la antena Holmdel Horn, en Nueva Jersey. Primero tuvieron que eliminar la cacofonía generada por otras señales de radio. Luego, descubrieron que la señal de fondo natural era 100 veces más potente de lo estimado. Esta débil radiación resultaba más o menos constante en todos los rincones del cielo. Ahora la llamamos CMB (por sus siglas en inglés), el rastro de calor que dejó el Big Bang.

73 | Pulsos del cosmos

EN 1967, LO QUE PARECÍA UN PRADO LLENO DE TENDEDEROS RECOGIÓ ALGUNOS PULSOS DE RADIO CONSTANTES PROVENIENTES DEL ESPACIO. Nadie llegó a pensar que se tratase de comunicaciones extraterrestres, pero… ¿qué más podría ser?

Los radiotelescopios modernos están formados por grandes conjuntos de antenas que se mueven juntas y apuntan siempre al mismo lugar del espacio.

Las ondas de radio son radiaciones similares a la luz, pero con una energía menor e invisibles para el ojo humano. Los astrónomos habían explorado las ondas de radio provenientes del espacio desde la década de 1930. Los radiotelescopios son antenas muy grandes, casi siempre en forma de plato para recoger señales débiles. Sin embargo, los astrónomos británicos Antony Hewish y Jocelyn Bell construyeron un detector de radio de aspecto menos espectacular en un prado a las afueras de Cambridge. El Interplanetary Scintillation Array (literalmente, «matriz de centelleo interplanetario»), como se la conocía, fue diseñado para detectar fluctuaciones en las señales.

¿PEQUEÑOS HOMBRES VERDES?

En noviembre de 1967, Bell descubrió una fuente de radio inquietantemente regular, siempre con una separación de 1,3 segundos. Se descartó la posibilidad de que proviniese de algún satélite artificial secreto o por la interferencia de estaciones de radio terrestres. La explicación más evidente parecía que los pulsos de radio eran generados por extraterrestres, y Bell y Hewish denominaron a la fuente LGM-1 (Little Green Men 1, «pequeños hombres verdes»). Más tarde se descubrió una segunda fuente de pulsos en un rincón alejado del espacio, lo que puso fin a la hipótesis alienígena.

Esos extraños cuerpos se denominaron púlsares (del inglés *pulsating star*). El chorro de radiación proviene de un lado de una estrella giratoria, que barre el cielo como el rayo de un faro, y que vemos cuando apunta a la Tierra. Los púlsares giran muy rápido –algunos en una fracción de segundo–, y sirven como ejemplo de las estrellas de neutrones que aparecen tras la explosión de supernova.

74 | Explosión de rayos gamma

LAS ONDAS DE RADIO SON LAS MENOS ENERGÉTICAS DENTRO DEL ESPECTRO DE RADIACIÓN; sin embargo, los rayos gamma son las ondas más potentes. A la par que algunos débiles pulsos de radio descubrían estrellas pequeñas, unos destellos de rayos gamma mostraban los sucesos más potentes en el universo.

Las explosiones nucleares producen rayos gamma y EE. UU. puso en órbita satélites militares para vigilar armas nucleares enemigas que explotasen en el espacio, y que fuesen en contra de los tratados de prohibición de pruebas. En julio de 1967, dos de los satélites detectaron inusuales estallidos de rayos gamma, que no coincidían con los producidos por las bombas, y que llegaban de mucho más allá del Sistema Solar. La lógica de la Guerra Fría llevó al archivo de estos datos. Pero los satélites detectores de bombas más avanzados encontraron cada vez más explosiones de rayos gamma, que suelen durar unos 30 segundos.

En 1973, los datos se hicieron públicos, pero los astrónomos no lo tuvieron claro hasta 1991, cuando se lanzó un observatorio de rayos gamma espacial. Gracias a ello, se supo que esas tenues fuentes estaban a miles de millones de años luz de distancia. Que se pudiesen ver desde esa distancia significaba que una fuente de rayos gamma liberaba la misma cantidad de energía en unos segundos que el Sol en 10 mil millones de años. Las explosiones pueden ser estrellas de neutrones que se convierten en agujeros negros o el colapso de estrellas «hipergigantes», con cientos de veces la masa del Sol.

Se estima que en la Vía Láctea sucede una explosión de rayos gamma cada pocos cientos de miles de años. Se cree que los BRG («brotes de rayos gamma») más próximos a la Tierra han causado extinciones masivas en el planeta.

75 El programa Apolo

VEINTE DÍAS DESPUÉS DE LANZAR AL PRIMER AMERICANO AL ESPACIO, EL PRESIDENTE JOHN F. KENNEDY PROMETIÓ PONER UN HOMBRE EN LA LUNA ANTES DEL FINAL DE ESA DÉCADA. La misión del Apolo XI sirvió para cumplir su promesa a unos meses de que caducase, lo que proporcionó a EE. UU. una monumental –pero costosísima– victoria en la Carrera Espacial.

Trasladado a nuestro tiempo, los seis alunizajes entre 1969 y 1972 costaron, cada uno, unos 15 mil millones de euros. Pero se aprendieron valiosas lecciones sobre los viajes espaciales humanos –algo importante para que la próxima resultase más económica–, y las derivaciones tecnológicas, junto con el optimismo generado por el aldabonazo en la Era Espacial mantuvieron a EE. UU. en una posición de liderazgo en la Carrera Espacial hasta el final de la Guerra Fría.

El programa Apolo, llamado así por el dios griego y arquetipo de la destreza, tuvo un nombre a la altura de su propósito épico. Las misiones a la Luna, tanto orbitales como las que aterrizaron en la superficie, fueron la primera y única ocasión en que los humanos salieron de la órbita terrestre baja. Los equipos de los Apolo viajaron casi un millón de kilómetros a 32 veces la velocidad del sonido. Desde el regreso de la última misión del Apolo 17, en diciembre de 1972, ningún humano ha estado mucho más allá de una reducida distancia sobre la superficie de la Tierra.

MISIÓN A LA LUNA

JFK anunció las misiones Apolo justo después de que el programa Mercury lograse su primer vuelo espacial tripulado. Mientras Apolo comenzaba a tomar forma, cinco vuelos Mercury más probaron que la NASA podía lanzar naves espaciales y llevarlas a ellas y a sus ocupantes de manera segura de vuelta a la Tierra.

A esto le siguió el programa Gemini, con una nueva promoción de astronautas, una nave espacial para dos tripulantes y un cohete más potente, Titán, para impulsar cargas más pesadas en órbita. Las misiones Gemini fueron diseñadas para probar cuánto tiempo podrían permanecer los astronautas en el espacio. Una

Neil Armstrong no podía dejar de sonreír dentro del Eagle –el módulo lunar– del Apolo 11, tras realizar el primer paseo lunar de la historia el 20 de julio de 1969; fue visto por televisión por una quinta parte de la población mundial.

El Saturno V fue la máquina más ruidosa jamás construida y sigue siendo el cohete más potente lanzado con éxito. La tripulación se encuentra sentada dentro del cono blanco; sobre ellos se sitúa el estrecho y puntiagudo cohete de escape (para uso de emergencia

tripulación permaneció en órbita durante apenas dos semanas. En otro viaje, los astronautas experimentaron con paseos espaciales o actividades extravehiculares (EVA, por sus iniciales en inglés). Las EVA ayudaron a mostrar las limitaciones de operar en un traje espacial y a probar las herramientas que podrían necesitarse para reparaciones. Al final, los pilotos de Gemini, entre ellos uno llamado Neil Armstrong, probaron a dirigir la nave espacial en órbita y a acoplarla con otra. Para ello, los astronautas emplearon un vehículo no tripulado llamado Agena, y por entonces ya sabrían que cuando el programa Apolo echase a andar, esas maniobras serían cruciales para llegar a la Luna.

PREPARANDO EL CAMINO

Mientras se diseñaban los vehículos tripulados, la NASA envió sondas a la Luna para ir preparando el alunizaje. Las primeros fueron las Rangers, enviadas a la Luna en 1964, que llegaron a mandar fotos antes de estrellarse. En el siguiente paso, se enviaron cinco orbitadores a buscar posibles zonas de alunizaje; finalmente, siete vehículos Surveyor se posaron sobre la Luna entre 1966 y 1968.

El módulo lunar del Apolo 11 se dirige a su lugar de alunizaje en el mar de la Tranquilidad, elegido porque era una superficie plana. Sin embargo, el módulo de aterrizaje se vio obligado a cruzar un gran cráter antes de alunizar y casi se quedó sin combustible.

Una vez más, los soviéticos llegaron primero: su Luna 2 impactó en la Luna en 1959, mientras que Luna 9 realizó el primer alunizaje controlado sobre un cuerpo celeste unos meses antes de la llegada del Surveyor 1. Pero a partir de entonces, todas las sondas soviéticas a la Luna, que continuaron en la década de 1970, quedaron eclipsadas por los devenires del programa Apolo.

La Unión Soviética no logró desarrollar un cohete tan potente como para enviar una nave espacial tripulada a la Luna. Pero para el Apolo XI, el cohete Saturno V de la NASA transportó a tres tripulantes en un módulo de servicio (SM), que viajó a la Luna durante tres días, portando un módulo lunar (LM). Dos miembros de la tripulación se trasladaron al LM y volaron a la superficie. Después regresaron a la órbita lunar donde les esperaba el módulo de servicio, que los llevaría de vuelta. Al final, la cabina de la tripulación se separó del SM, formando un módulo de comando blindado contra el calor, que fue lo que regresó a la Tierra. Solo 12 hombres han caminado sobre la Luna. El último fue Eugene Cernan; sus palabras de despedida fueron: «Nos vamos como vinimos y, si Dios quiere, como volveremos, con paz y esperanza para toda la humanidad».

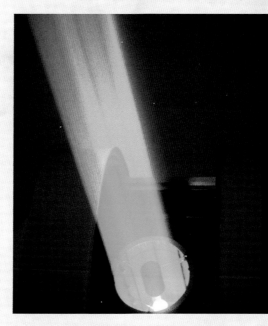

¿VERDAD O FICCIÓN?

Una conocida teoría de la conspiración afirma que los alunizajes fueron filmados en un plató. Sin embargo, los astronautas de los Apolo dejaron espejos en la superficie de la Luna, que reflejan los rayos láser disparados desde observatorios de EE. UU. o Francia. Estos reflejos se usan para conocer la distancia exacta a la Luna. En 2009, u nuevo satélite artificial exploró la Luna y envió imágenes del lugar donde alunizó el Apolo 17, junto con la bandera norteamericana.

76 | Llegar a otros planetas

LOS PLANES PARA ENVIAR HUMANOS A OTROS PLANETAS NUNCA HAN SIDO MÁS QUE ESO: SOLO PLANES. Un viaje de esas distancias resulta desalentador en términos de costos y tecnología, algo que, sin embargo, no nos ha impedido enviar exploradores para disponer de una visión a nivel de suelo de estos mundos alienígenas. Lo observado, en más de una ocasión, ha supuesto una sorpresa.

Con un peso de cinco toneladas, la Venera 9 soportó las condiciones ambientales de Venus. La misión estuvo al borde del fracaso cuando una lente de plástico se derritió sobre una segunda cámara.

La Viking 1 enviaba datos desde su lugar de aterrizaje marciano en *Chryse Planitia* (Planicies de Oro) durante más de seis años. Los investigadores tomaron cariño a la vista que presentaba la sonda, y nombraron a la gran roca en primer plano «Big Joe».

La agencia espacial soviética abrió el camino de la exploración interplanetaria, no siempre con éxito. La primera nave que aterrizó en otro planeta fue la Venera 3, que se estrelló en la superficie de Venus en 1966, según marcaba su plan preestablecido. Sin embargo, tan pronto como la sonda se internó entre las densas nubes de Venus, sus detectores fallaron, por lo que los científicos no sacaron nada nuevo de la visita. Al año siguiente, la Venera 4 se lanzó en paracaídas, y envió mediciones de presión de aire decenas de veces mayores que en la Tierra; la temperatura era similar a la de un horno. La sonda quedó hecha añicos antes de llegar al suelo. En 1970 se construyó la Venera 7, pensada para sobrevivir a las condiciones ambientales.

Durante su aterrizaje no se libró de golpes, pero logró enviar datos durante 23 minutos. Cinco años después, los soviéticos pensaron que no habían dejado nada al azar con la Venera 9. Esta fue la primera nave que envió fotos de otro planeta. Durante 53 minutos, antes de sucumbir a las duras condiciones del planeta, el módulo de aterrizaje mostró un mundo árido y desértico con una atmósfera extenuante que aplastaría un cuerpo humano y un calor que abrasaría los restos. Como era de esperar, la atención giró hacia Marte.

LA TIERRA DE LOS VIKINGOS

La NASA obtuvo los primeros éxitos en el vecino rojo. En 1971, su Mariner 9 llegó a Marte y se convirtió en la primera sonda en orbitar otro planeta. Su estudio mostró paisajes majestuosos, como el Tharsis Bulge y los Valles Marineris, un «gran cañón» más ancho que los 48 estados más pequeños de EE. UU.

En 1976, la NASA puso en órbita dos sondas Viking alrededor de Marte. Dejaron caer vehículos exploradores en la atmósfera marciana, bastante más tenue que la de la Tierra, pero en cualquier caso la Viking estaba protegida por escudos térmicos contra el calentamiento por fricción. La Viking 1 completó en paracaídas la parte final

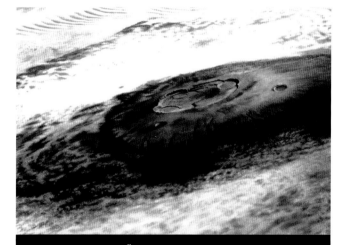

del viaje, y se posó un par de meses antes que la Viking 2. Ambas sondas funcionaron perfectamente, enviando no solo datos de los instrumentos a bordo que analizaban el suelo, sino también las primeras imágenes, saludadas con alborozo y gran entusiasmo. Hubo una confusión inicial sobre el color, pero las Viking mostraron que el cielo azul pálido de Marte solía teñirse de rosa por el polvo rico en hierro que cubre el planeta rojo.

PLANETA PEQUEÑO, PAISAJES GRANDES

La Mariner 9 y otras exploraciones mostraron que Marte es un planeta volcánico, pero sin las placas tectónicas de la Tierra. Las placas de la Tierra se mueven constantemente, friccionan unas contra otras y hacen que incluso la mayor cordillera o cuenca oceánica sea un accidente geográfico transitorio. Sin embargo, una vez que se forma un accidente en Marte, continúa desarrollándose durante millones o miles de millones de años. El abultamiento de Tharsis discurre a lo largo del ecuador marciano y cubre cerca de una cuarta parte del planeta. Los astrónomos piensan que está formado por magma que viene del interior. Esta fuerza crea grietas, como los Valles Marineris, y el magma alimenta varios volcanes enormes. El más espectacular es el monte Olimpo (arriba), que está a 27 km sobre la superficie, formado por innumerables erupciones que lo han convertido en la montaña planetaria más alta del Sistema Solar. Los volcanes en Marte llevan inactivos 150 millones de años, pero volverán a entrar en erupción.

77 Estudio de rocas lunares

LA LUNA ES EL ÚNICO CUERPO CELESTE CUYOS ACCIDENTES GEOGRÁFICOS SON VISIBLES DESDE LA TIERRA A SIMPLE VISTA. El estudio moderno de la Luna tiene su propia ciencia: la selenología. Los viajes espaciales permiten que los selenólogos puedan tocar la Luna, cuando menos sus rocas. El último lote de rocas lunares llegó a la Tierra en 1976.

La Luna es una compañía constante, y siempre nos muestra la misma cara según avanza por el cielo, de noche o de día. Sin embargo, nadie debería pensar que la Luna es estática. Gira alrededor de su propio eje, pero desde un pasado remoto su rotación se ha sincronizado con la de la Tierra. El tiempo que necesita la Luna para moverse alrededor de la Tierra es igual al tiempo que necesita para girar una vez sobre su eje, así que aunque ambos cuerpos están en giro constante, la Luna siempre nos muestra su misma cara.

Este efecto se llama acoplamiento de marea (o rotación sincrónica) y ocurre porque la gravedad de la Tierra hace que la Luna se abombe, muy ligeramente, hacia el planeta. Es el mismo efecto que la gravedad de la Luna crea en los océanos, formando las mares. Así como ese movimiento recorre la Tierra todos los días, también lo hizo el abultamiento de roca en la Luna. Y tuvo el efecto de disminuir poco a poco la rotación de la Luna, hasta que la protuberancia mantuvo una posición constante en relación con la Tierra, (la gravedad fijó la cara más densa o pesada de la Luna hacia el planeta).

Por supuesto, nuestra imagen de la Luna cambia, y su posición con respecto al Sol no está bloqueada. Solo podemos ver la Luna cuando la ilumina la luz solar, por lo que nuestra visión crece y mengua entre el círculo de una luna llena y la oscuridad de una luna nueva, ya que está iluminada desde diferentes ángulos.

Las misiones lunares han regresado con casi 400 kg de rocas lunares. Es un tipo de basalto, una roca de origen volcánico que se forma cuando la lava se enfría y solidifica rápidamente.

MARES LUNARES

Los accidentes geográficos más claros en la superficie lunar son unas regiones oscuras, que los primeros observadores dieron por hecho que eran cuerpos de agua, y que llamaron *maria* (en singular, *mare*), el término latín para «mares». A los mares lunares se les dieron nombres imaginativos, como océano de Tormentas, mar de la Serenidad y bahía de los Arcoíris. Los mares lunares no contienen agua; si existiese en la superficie de la Luna, aparecería en forma de extraños parches de hielo ocultos en cráteres profundos. Los mares lunares son llanuras planas formadas por antiguas erupciones volcánicas que inundaron las regiones llanas. A pesar de dominar nuestra visión de la Luna, los mares lunares solo cubren alrededor del 16 % de su superficie. No está claro por qué sucede así; cualquiera que sea la razón, ya cesó. Los mares lunares tienen al menos mil millones de años.

ALTOS Y BAJOS

Antes de que Galileo dirigiese su telescopio hacia la Luna en 1609, se creía que era una esfera lisa. Sin embargo, Galileo vio un mundo accidentado, con cadenas

montañosas y cráteres. Las regiones pálidas de la Luna se llamaron las tierras altas y tomaron sus nombres a partir de cadenas montañosas de la Tierra (los primeros selenólogos encontraron más fácil ver las características de la superficie cuando se proyectaban a la sombra del terminador, la línea entre el día y la noche que atraviesa la Luna).

En la década de 1650, Giovanni Battista Riccioli bautizó un gran cráter lunar en honor a Copérnico, y se ha mantenido la tradición de honrar así a los grandes astrónomos. Galileo afirmó que los cráteres eran de origen volcánico, pero estudios más recientes mostraron superposiciones y restos que solo podrían ser el resultado de impactos de meteoritos. Sin aire ni agua, la superficie lunar no se erosiona y, por lo tanto, los cráteres –que tienen más de 3 000 millones de años– no han envejecido siquiera un poco (el suelo lunar, o regolito, son los restos de polvo de la roca lunar golpeada por innumerables impactos).

Esta recreación artística reproduce a Tea, el supuesto planeta que pudo chocar con la joven Tierra y que derivó en la creación de la Luna. En la mitología griega, Tea es la madre de la diosa Luna.

¿DE DÓNDE VINO LA LUNA?

Cuando las primeras piezas de roca lunar llegaron con el Apolo 11 en 1969, los geólogos descubrieron que eran bastante similares a las de la corteza terrestre. La única diferencia notable era la escasez de metales pesados, presentes en las regiones más profundas de la Tierra. Esto indica que la Tierra y la Luna se formaron a partir de la misma materia. Una posibilidad es que un planeta del tamaño de Marte golpease la Tierra hace más de 4 000 millones de años. La colisión derritió la corteza terrestre y arrojó una gran cantidad de material fundido a la órbita, donde se fusionó con la Luna.

Las caras visible y oculta de la Luna difieren en su aspecto. La visible presenta menos impactos, ya que está protegida del bombardeo de meteoritos. Sin embargo, los rayos del Sol inciden en ambos lados, aunque no podamos percibirlo.

78 | Voyager 1 y 2

EN EL VERANO DE 1964, UN JOVEN INGENIERO QUE TRABAJABA EN LA NASA RECIBIÓ EL ENCARGO DE INVESTIGAR VENTANAS DE ATERRIZAJE PARA LAS MISIONES A LOS PLANETAS GIGANTES. Gary Flandro detectó en los datos orbitales una posibilidad casi irrepetible: la oportunidad de mandar sondas en un gran viaje por el Sistema Solar, y llegar de una tacada a cuatro planetas.

Tres lunas de Júpiter, Europa, Calisto y Ganímedes, pueden tener agua líquida y dar cobijo a la vida acuática, similar a la de las profundidades del mar en la Tierra. En 2030, la misión europea JUICE regresará a las lunas para buscar a estos alienígenas.

Si en el futuro una raza alienígena encuentra una nave Voyager, hallará a bordo un disco de vídeo bañado en oro con fotos de la Tierra, un saludo de Jimmy Carter (entonces presidente de EE. UU.) entre otros mensajes, y una mezcla de sonidos que incluye el canto de una ballena, Mozart, y «Johnny B. Goode» de Chuck Berry.

La ventana de lanzamiento se estableció para finales del verano de 1977, y el periplo continuaría hasta 1989. Durante este largo período, las sondas aprovecharían la gravedad de los planetas gigantes con los que debían cruzarse para relanzarlas a su próximo objetivo. Todo fue posible debido a una poco habitual alineación de los planetas exteriores, que los colocaba en la misma parte del Sistema Solar durante algunos años.

El visto bueno llegó en 1972 y el programa se llamó Voyager. Se diseñaron dos sondas, solo una de las cuales llegaría hasta Neptuno. Se lanzaron un par de sondas pioneras –los exploradores planetarios de la NASA– para comprobar la ruta. La Pioneer 10 se impulsó tan solo con Júpiter, mientras que la Pioneer 11 se convirtió en la segunda nave espacial en usar una «asistencia gravitatoria» de Júpiter para lanzarse hacia Saturno.

Las sondas Voyager eran tres veces más grandes que las Pioneer y estaban equipadas con cámaras, espectrómetros y detectores de rayos cósmicos. Los caprichos de los viajes interplanetarios llevaron a que la Voyager 2 despegase varias semanas antes que la Voyager 1, pero en septiembre de 1977 todo estaba listo.

Entre decenas de descubrimientos, las cámaras de la Voyager 1 registraron erupciones volcánicas en la luna Ío de Júpiter. La gravedad del planeta gigante revuelve el interior de la luna, haciendo que se derrita. Las erupciones arrojan columnas de lava a 150 km de la superficie, lo que convierte a Ío en el lugar más volcánico del Sistema Solar.

VISITANDO A LOS GIGANTES

La Voyager 1 viajó más rápido que su sonda hermana; llegó a Júpiter en enero de 1979, pudo observar de cerca una atmósfera arremolinada y descubrió un tenue sistema de anillos alrededor del gigante gaseoso, antes de ser lanzada a Saturno, adonde llegó 18 meses después. Allí, el objetivo principal de la Voyager 1 era Titán, la luna más grande y el único satélite en el Sistema Solar con una atmósfera densa.

Con el viaje a Titán, la Voyager 1 terminó su gran viaje y se dirigió al espacio interestelar. La última imagen de la Voyager 1 se recibió en 1990, y mostraba a la Tierra como un punto azul pálido increíblemente tenue contra la negrura vacía del espacio. Mientras tanto, la Voyager 2 había volado por Europa, la luna de hielo de Júpiter, y pudo seguir más allá de Saturno en 1981, Urano en 1986 y luego Neptuno en 1989. La sonda tomó imágenes de muchas de sus lunas por primera vez y descubrió que el último planeta también tenía anillos, antes de que comenzase un viaje al espacio profundo que continúa hasta nuestros días.

Las Voyager son las naves espaciales más lejanas a la Tierra, pero todavía están operativas; las fuentes de energía nuclear durarán hasta, al menos, 2025. La Voyager 1 cruzó la heliopausa en 2012. Este es el punto donde el viento solar, las partículas cargadas que salen del Sol, se vuelven indetectables. Ahora, la sonda se encuentra en el espacio interestelar.

79 | Estrellas magnéticas

Más pequeñas que la mayoría de las ciudades de la Tierra, pesan más que el Sol y su campo magnético es tan fuerte que cualquier objeto a menos de 1 000 km es destrozado. Así es un magnetar (o magnetoestrella), una extraña clase de estrella de neutrones, identificada en 1979, pero que aún no hemos llegado a comprender bien.

Las primeras estrellas de neutrones detectadas fueron púlsares de radio, que emiten chorros de ondas de radio según giran a velocidades de vértigo. ¿Era posible que los púlsares enviasen otras formas de radiación? En 1979, los orbitadores Venera, que enviaron sondas a Venus, detectaron un breve estallido de rayos gamma 2 000 veces mayores de lo normal. Durante los segundos posteriores, la radiación se propagó por las naves espaciales activas próximas a la Tierra. Lo que se detectaba era la onda expansiva de una supernova 5 000 años atrás. Las supernovas producen estrellas de neutrones, formadas por los quiméricos neutrones, una materia tan densa que ha degenerado en neutrones puros: una cucharadita pesa 200 millones de toneladas. Más tarde, los astrónomos encontraron un púlsar que liberaba rayos gamma de alta energía en lugar de pulsos de radio. Su campo magnético es 300 millones de veces más fuerte que el de la Tierra, posiblemente generado por la combinación de su alta temperatura y velocidad de giro relativamente lenta.

80 El transbordador: una nave espacial reutilizable

EN LA DÉCADA DE 1980, LOS VIAJES ESPACIALES TENÍAN QUE VER TANTO CON LOS NEGOCIOS Y LA CIENCIA COMO CON LA DEFENSA MILITAR, pero aún mantenían una gran dosis de prestigio nacional. La NASA entró a esta nueva era con una nueva nave espacial, el transbordador espacial, que despegaba hacia el espacio como un cohete y volaba a casa como un avión.

A medida que los colosales gastos del Proyecto Apolo comenzaron a acumularse, la NASA recibió instrucciones para hacer que los viajes espaciales resultasen mucho menos costosos. La solución fue el sistema de transporte espacial (STS), conocido en todo el mundo como el transbordador espacial. Este definió una nueva era para la NASA, un nuevo éxito de alto perfil tras los triunfos de los Apolo. También redefinió el programa espacial, que dominaría durante los siguientes 30 años.

Los primeros conceptos de diseño del transbordador no tuvieron muy en cuenta los difíciles requisitos de la aerodinámica, las restricciones de peso y la capacidad de carga útil. El orbitador resultante fue descrito como un «ladrillo volador».

CAMIÓN ESPACIAL

Los planes para el transbordador espacial se fijaron en los meses previos al alunizaje del Apolo 11. Un grupo de expertos de la NASA indicó que el lanzamiento de una futura nave espacial no solo debería ser más barato, sino también lo suficientemente flexible como para utilizarse tanto por científicos espaciales como militares, además de poder ser alquilada para negocios privados, como un camión espacial que transporta satélites comerciales a la órbita.

El «orbitador» era el componente central del transbordador espacial, pero no podía entrar en órbita por sí solo. El concepto de múltiples etapas, utilizado en los primeros cohetes que levantaban grandes pesos, fue modificado para el STS. El orbitador transportaba muy poco combustible líquido de hidrógeno y oxígeno y se le suministraba durante el lanzamiento desde un tanque externo.

El orbitador llevaba el tanque hasta el borde del espacio antes de deshacerse de él. El tanque se quemaba al volver a entrar, era

SPACESHIPONE

Si bien los 18 mil millones de dólares por vuelo de los Apolo resultan más baratos , a la NASA aún le costaba 450 millones de dólares lanzar un transbordador y, una vez más, se buscaron naves espaciales más económicas. En 2004, se lanzó la primera nave espacial de propiedad privada, y fue al espacio dos veces en quince días, ganando así los 10 millones del Premio X, creado ocho años antes. SpaceShipOne (izquierda), como se llamaba la nave, llegaba a una altitud de 100 km (donde comienza el espacio) con un motor de cohete. Sin embargo, se lanzó desde debajo de una nave nodriza propulsada por un avión que volaba a gran altitud. Ahora, este modo de vuelo espacial se está mejorando para llevar turistas al espacio.

el único componente no reutilizable. Las últimas piezas de este rompecabezas eran los propulsores sólidos del cohete, los más grandes jamás fabricados, lo que le proporcionaba al transbordador un impulso extra para elevarlo hacia el cielo. Se dejaban caer del ensamblaje a los dos minutos de vuelo y caían en paracaídas 45 km, para luego repostar y poder reutilizarse.

EL SIGUIENTE PASO

El primer transbordador se llamó Enterprise y fue construido para pruebas en la atmósfera a finales de la década de 1970. La primera versión preparada para el espacio fue el Columbia, lanzado en 1981. Siguieron otros cuatro: Challenger, Discovery, Atlantis y Endeavour (que recibieron sus nombres de barcos famosos). Los últimos orbitadores tenían diseños más livianos y, por lo tanto, podían transportar un poco más de carga a la órbita.

El cuerpo principal del orbitador del transbordador era la bahía de carga útil capaz de transportar hasta 27 toneladas de satélites y equipos científicos en órbita terrestre baja.

Los transbordadores podrían lanzar satélites a la órbita terrestre baja o alta. Podrían recuperar satélites inactivos, lanzar sondas espaciales, llevar laboratorios para experimentos de ingravidez y visitar estaciones espaciales. Fueron tan útiles que los soviéticos hicieron una copia llamada Buran, que voló solo una vez, en 1988. A pesar de sus cientos de éxitos, un vuelo espacial nunca fue fácil, y de hecho dos de ellos explotaron en plena misión. El último transbordador voló en 2011. Un avión no tripulado militar, el X-37, es el único avión espacial reutilizable en servicio; el mundo espera el siguiente paso de los viajes espaciales.

81 Supernova SN 1987A

ESTE CÓDIGO APARENTEMENTE INOCUO SE REFIERE A UN EVENTO TRASCENDENTAL EN LA ASTRONOMÍA, LA PRIMERA SUPERNOVA OBSERVADA EN ACCIÓN. El 23 de febrero de 1987, la luz de la explosión de una estrella gigante llegó a la Tierra. La estrella había muerto mucho antes del amanecer de la civilización, pero en un giro del destino, sus emisiones llegaron poco después de que los astrónomos pudieran entender lo que estaban viendo.

Cuando una gran estrella llega al final de su vida, se apaga con un estallido. La luz brillante que libera genera un nuevo brillo en el cielo, lo que conocemos como «nova». Sin embargo, no todas las novas son estrellas moribundas, por lo que los astrofísicos denominan a estas explosiones gigantes «supernovas». Se estima que, en nuestra galaxia, una gran estrella se convierte en supernova cada 50 años. Se registró una en 1604, pero durante siglos, nada. Luego, a las 7:53 GMT del 23 de febrero de 1987, se detectaron 24 antineutrinos –partículas infinitesimales producidas cuando los átomos se rompen– en laboratorios de todo el mundo, un pico enorme para el nivel normal. Se calculó que eran solo una pequeña parte de los abrumadores 10^{58} neutrinos arrojados en todas las direcciones por una explosión. Tres horas después, llegó la primera luz estelar de este suceso, 168 000 años después de su emisión. Fue visible a simple vista durante unos meses, y los mejores telescopios de la época mostraron un anillo brillante de plasma iluminado por el destello de la explosión de la estrella.

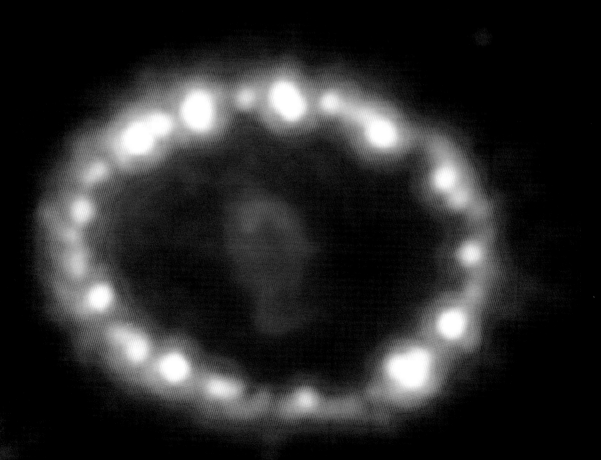

En un principio, los astrónomos dieron por hecho que los restos de SN 1987A formarían una estrella de neutrones. Sin embargo, aún no la han encontrado entre los restos de la explosión. Tampoco hay un agujero negro, y eso ha llevado a algunos a proponer una tercera teoría: SN 1987A se ha convertido en una estrella de quarks, un objeto tan denso que incluso los neutrones colapsan bajo su propio peso.

2 | Mapa de Venus

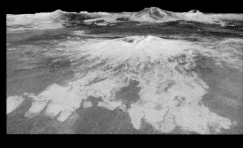

VENUS HA ESTADO SIEMPRE BAJO UN MANTO DE MISTERIO GRACIAS A SUS IMPENETRABLES NUBES. Sin embargo, en 1990, la sonda Magallanes llegó a su órbita para solucionar el asunto de una vez por todas.

Las misiones a Venus tienen una historia accidentada. Los primeros vehículos exploradores fueron aplastados por las enormes presiones atmosféricas del planeta, y los equipos detectores de los modelos posteriores más resistentes tendían a derretirse en esas temperaturas similares a las de los hornos. El enfoque de la Magallanes fue diferente. Orbitó el planeta durante cuatro años, y mapeó la superficie mediante un radar que podía penetrar la capa de nubes cáusticas. La superficie que mostró era un agujero volcánico de espesos campos de lava. Los pocos impactos de cráteres que se encontraron indicaban que la superficie del planeta se renovaba con regularidad. A diferencia de la corteza maleable de la Tierra, la superficie rígida de Venus se mantiene firme, hasta que la presión aumenta demasiado y el planeta es asolado por fuertes erupciones.

Una imagen de color falso (asignando colores a la longitud de onda) del Monte Sapas, un volcán venusiano, realizada a partir del mapa de radar del orbitador de la Magallanes.

3 | Explorador del Fondo Cósmico

EN 1992, SE ENCONTRARON «ONDULACIONES» EN LA RADIACIÓN DE FONDO DE MICROONDAS. El resultado fue otro espaldarazo para los fundamentos de la teoría del Big Bang.

La radiación de fondo de microondas (CMB, por sus siglas en inglés) puede entenderse como los ecos del Big Bang. Son los últimos restos de una gigantesca liberación de energía, que puede detectarse en forma de radiación de microondas: ondas de radio de onda corta. Encontrada por accidente en 1964 por dos radioastrónomos, la CMB se convirtió en la prueba tangible de la teoría del Big Bang, una más para convertirlo en la idea dominante en cosmología.

Un mapa de la CMB muestra la radiación de microondas que llega de todos los puntos del espacio.

Según la teoría, en la primera milésima de segundo de tiempo, la materia creada por el Big Bang fue aniquilada por una cantidad igual de antimateria. Sin embargo, si las dos fueran exactamente iguales, el universo se habría convertido en un espacio completamente vacío. Las ondas CMB, descubiertas por la sonda Explorador del Fondo Cósmico (COBE por sus siglas en inglés), mostraron que la materia no se extendió uniformemente por el universo naciente, lo que significa que filamentos de materia quedaron entre inmensos vacíos, que acabaron formando estrellas y galaxias.

84 El telescopio espacial Hubble

EL TELESCOPIO ESPACIAL HUBBLE PUDO SER EL ERROR MÁS COSTOSO DE LA HISTORIA, pero pudo escapar de la desgracia y se ha convertido en nuestro ojo que (casi) todo lo ve.

Las imágenes producidas por el telescopio espacial Hubble, como esta de la galaxia del Sombrero, han revolucionado la forma en que imaginamos el universo en el siglo XXI.

La historia de la astronomía telescópica ha consistido en construir más grande y mejor. Las lentes se fabricaron cada vez más pulidas y transparentes antes de dar paso a los espejos, cada vez más grandes, para capturar más luz estelar. Pero el tamaño no lo era todo; incluso el telescopio más grande necesita una visión clara, y los principales observatorios del mundo comenzaron a elevarse en las cimas de las montañas donde el aire solía estar en calma y el cielo despejado. Pero la luz se comporta de manera diferente en el aire que en el vacío del espacio –lo que causa el titileo de las estrellas, por ejemplo–, y los rayos de otras radiaciones, como los rayos X o ultravioleta, apenas alcanzan la superficie de la Tierra. En 1923, Hermann Oberth, el pionero alemán en la fabricación de cohetes, afirmó que poner un telescopio en órbita más allá de la atmósfera proporcionaría la visión más nítida posible.

ESPEJITO, ESPEJITO

Los telescopios espaciales se habían probado antes –el Skylab disponía de uno–, y el programa espacial de la NASA quería lanzar el suyo desde la década de 1960. Sin embargo, los recortes presupuestarios y los accidentes implicaron que el telescopio espacial Hubble (HST, por sus siglas en inglés), un tubo de metal de 11 toneladas, no llegase al espacio hasta 1990, posicionado a 559 km por el transbordador espacial Discovery. Al principio, todo parecía estar bien: el espejo de 2,4 m (pequeño en comparación con los telescopios terrestres) generaba las imágenes más nítidas jamás vistas. Sin embargo, no eran tan claras como debieran. Resultó que el espejo tenía una forma incorrecta, si bien por unos pocos nanómetros (mil millonésimas de metro), lo suficiente para hacer que las imágenes del HST fueran 10 veces más borrosas de lo que exigían los requisitos de la misión.

El error se estudió con detenimiento, y en 1993 se envió a un grupo de astronautas en un transbordador para acoplar unas «gafas», nuevos componentes que corregirían el error y permitirían que el HST pudiese funcionar como estaba previsto. La misión de reparación, un estupendo ejemplo de la brillantez del concepto del transbordador espacial, llevó 10 días de actividades extravehiculares, con el telescopio espacial sobre el compartimento de carga.

VER LEJOS, VER ANTES

El HST es una especie de máquina del tiempo. Puede ver más allá del universo que cualquier otro telescopio, y captura objetos a miles de millones de años luz de distancia. Eso significa que su luz viaja durante miles de millones de años antes de llegar al HST. La imagen que forma muestra cómo era el espacio tiempo atrás, por lo que el HST ve un universo joven. Hasta ahora, el HST ha llegado a ver 13 mil millones de años atrás, puede que solo 500 millones de años (nadie está seguro) tras el Big Bang.

El HST es un telescopio reflector Cassegrain, llamado así por el diseñador francés cuyo trabajo en 1672 quedó eclipsado por el de Newton. En un dispositivo Cassegrain, la luz recogida por el espejo principal se enfoca en uno secundario, que la refleja a través de un agujero en el centro del espejo primario. En el lugar que ocuparía un astrónomo humano, el HST tiene una óptica electrónica, similar a la de una cámara digital.

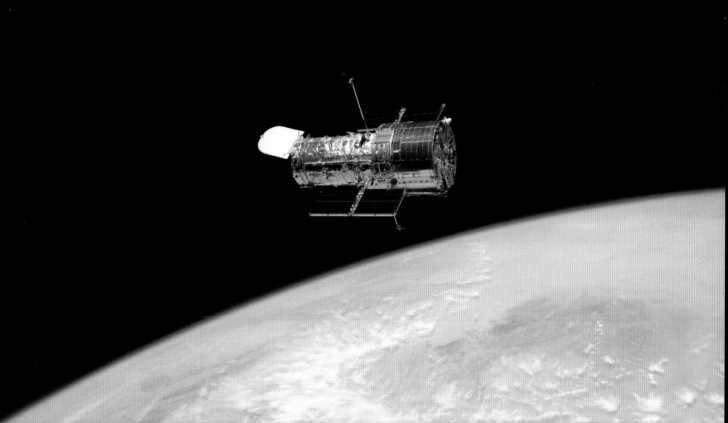

85 Choque de cometas

EL ÉXITO EN EL ESPACIO CONSISTE EN PLANIFICAR CADA CONTINGENCIA. EN JULIO DE 1994, CUANDO SE DESCUBRIÓ UN SUCESO INESPERADO, una sonda espacial estaba preparada y pudo ofrecer una vista de primera. Los astrónomos iban a presenciar el mayor impacto en la historia.

El cometa SL9 golpeó el lado oculto de Júpiter desde la perspectiva de la Tierra, pero dado que Júpiter gira más de dos veces más rápido que la Tierra, los impactos fueron visibles pronto, en forma de regiones oscuras entre las nubes jovianas.

Por suerte, el planeta no era la Tierra, y el cometa tenía una décima parte del tamaño del que impactó con la Tierra hace 69 millones de años, que acabó a los dinosaurios. Sin embargo, el cometa en cuestión iba a tener un gran éxito. Como su nombre indica, el cometa Shoemaker-Levy 9 fue descubierto por la pareja de astrónomos Carolyn y Eugene M. Shoemaker y su colega David Levy. SL9 fue el noveno avistamiento de este equipo. Cuando fue observado en 1993, el cometa era una rareza: orbitaba a Júpiter, no al Sol, el primero de muchos que se encontraron en esa zona. SL9 daba una vuelta cada dos años. En su último paso, en 1992, el cometa se había acercado tanto que la gravedad de Júpiter lo había desecho en 21 trozos. En la siguiente ocasión, estos objetos iban a golpear el planeta.

Impactos de esta escala ocurren cada dos siglos, y los astrónomos no querían perdérselo. Por suerte, la sonda Galileo ya se dirigía a Júpiter. Los controladores lo giraron para que su cámara encuadrase la dirección correcta. Se esperaba que los lugares de impacto extrajesen material de las profundidades de Júpiter. Sin embargo, aparecieron como hematomas oscuros de sulfuro de hidrógeno y azufre justo debajo de las nubes. Los fragmentos de hielo y roca se hicieron añicos en el impacto y no penetraron tan dentro de Júpiter como se esperaba.

GALILEO CHOCA CONTRA JÚPITER

Tras el espectáculo de los cometas, Galileo continuó su misión. Lo primero que hizo la nave al llegar a Júpiter fue enviar una sonda más pequeña a la atmósfera. Esta pequeña bola repleta de detectores se lanzó a través de las nubes enviando datos antes de ser aplastada. El resto de la nave espacial entró en una órbita que le permitió visitar varias lunas y lanzarse sobre las nubes de Júpiter. Galileo revolucionó la forma en que pensamos sobre el sistema de Júpiter: ahora es el candidato número uno para albergar vida. En 2003, Galileo «se desorbitó», y ardió en las nubes de Júpiter.

86 ¿Son alienígenas?

LA IDEA DE QUE MARTE ALBERGUE VIDA EXTRATERRESTRE SE POPULARIZÓ HACE 150 AÑOS. No es de extrañar que los primeros informes científicos de vida extraterrestre vinieran de especímenes marcianos, aunque basados en pruebas no muy serias.

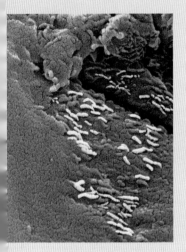

Los meteoritos impactan sobre la Tierra sin descanso, pero la mayoría nunca se encuentran. Un lugar donde es más fácil detectar meteoritos es la Antártida, donde las oscuras rocas espaciales destacan entre el hielo blanco. En 1984, en una de esas búsquedas de meteoritos polares se encontró la roca número ALH84001, que resultó ser un pedazo de Marte arrojado al espacio por un impacto. En 1996, los científicos de la NASA observaron la roca bajo un microscopio electrónico y vieron lo que se parecía mucho a las bacterias fosilizadas. Se anunció que esto era la prueba de vida en Marte en el pasado distante. No todo el mundo quedó convencido de estos marcianos en miniatura, y se dijo que eran producto de procesos químicos, no biológicos. El descubrimiento puso nuevas esperanzas en las siguientes misiones de la NASA a Marte y hoy esas sondas siguen buscando otras señales de vida.

La presencia de presuntos biomorfos en la roca marciana llevó al presidente estadounidense Bill Clinton a realizar un discurso televisado. Desde entonces, los escépticos han argumentado que las bacterias son demasiado pequeñas (tienen menos de 100 nm) como para contener ADN o ARN.

87 Nuestro agujero negro

¿QUÉ PASARÍA SI UN AGUJERO NEGRO ABSORBIESE ESTRELLAS ENTERAS E INCLUSO A OTROS AGUJEROS NEGROS? Tendríamos un agujero negro supermasivo, millones de veces más pesado que el Sol. En 1998, se encontró uno en el centro de nuestra Vía Láctea.

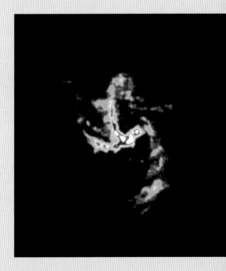

En 1976 se encontró una fuente de radio fuerte proveniente de Sagitario, la constelación que contiene el Centro Galáctico. Se identificó que el pulso venía de una región densa de Sagitario A –una región muy activa del espacio– y se llamó Sagitario A* («estrella A»). Los astrónomos sospechaban que estaban mirando un agujero negro supermasivo, pero las pruebas seguían siendo esquivas, ya que la radiación proveniente de esa área quedaba bloqueada por bandas de estrellas y polvo. La mejor oportunidad para obtener datos llegó al medir los rastros de calor de las estrellas que se mueven por la región oscura. En 1998, un equipo de la UCLA, que usaba el telescopio Keck, mostró que estas estrellas ocultas se movían a una cuarta parte de la velocidad de la luz. Todas las estrellas de la Vía Láctea se mueven alrededor del centro de la galaxia, y una velocidad orbital tan rápida indicó que las estrellas estaban cerca de un objeto muy masivo. En 2008, después de un estudio de 16 años, se confirmó que Sagitario A* era un agujero negro que contenía cuatro millones de veces la masa de nuestro Sol.

Esta imagen de Sagitario A está formada por ondas de radio producidas por gases ionizados en la región central de la galaxia. El agujero negro A* está cerca del centro.

88 Energía oscura

DESDE NEWTON HASTA EINSTEIN, PASANDO POR HUBBLE, LAS IDEAS DE UN UNIVERSO EN EXPANSIÓN COINCIDIERON EN UNA SENCILLA REGLA: a la vez que el universo se expandía y envejecía, la velocidad de expansión iría decreciendo. Hasta que, en 1998, una investigación sobre las estrellas oscureció lo que creíamos saber sobre el espacio y el tiempo (y en la oscuridad permanecemos).

Durante 70 años prevaleció la ley de Hubble: cada cúmulo de galaxias lejanas en el universo se aleja de todas las demás. Todos sabíamos que salieron despedidas por alguna explosión en un pasado remoto; un Big Bang, digamos. Pero la duradera contribución de Newton todavía era válida: la gravedad atrae a las masas, por lo que el conocimiento aceptado era que la expansión del universo se estaría desacelerando bajo el arrastre de toda esa gravedad que arrastra a unas galaxias contra otras. Así que las preguntas fueron: ¿en algún momento la gravedad detendrá la expansión, provocará una contracción, o el poder del Big Bang superará la fuerza de la gravedad, lo que conduciría a una expansión eterna?

La gravedad es proporcional a la masa, y ya se sabía que la mayor parte de la materia del universo era invisible u oscura. Se decidió que medir la velocidad de la desaceleración de la expansión arrojaría luz sobre ese misterio. Dio comienzo un estudio de supernovas tipo 1a. Se formaron por sistemas binarios de una estrella de la secuencia principal y una enana blanca. La materia de la vecina mayor es arrastrado hacia la enana blanca hasta que su masa alcanza el límite de Chandrasekhar: cuando es demasiado grande para sostenerse y, *¡boom!*, se convierte en supernova. Las estrellas tipo 1a tienen todas la misma masa y magnitud, por lo que pueden usarse como candelas estándar para medir distancias a través del universo; las más tenues están más lejos. Los corrimientos al rojo muestran con qué velocidad se aleja un objeto, por lo que se esperaba que la luz más lejana (y más antigua) mostrase un corrimiento al rojo mayor que la de las fuentes más cercanas (y más jóvenes). La luz «vieja» mostraría una tasa de expansión anterior que podría compararse con la tasa actual.

La comunidad astronómica se sorprendió por el resultado del estudio. La expansión del universo no se está desacelerando; la gravedad no lo está deteniendo todo. De hecho, ¡la expansión se acelera! La entidad aún inescrutable que causa esta aceleración se denomina energía oscura. Nadie ha medido la energía oscura, solo sus efectos. Las teorías sobre qué es la energía oscura comienzan a vincular la inmensa nada del espacio-tiempo con la energía y la masa en las cantidades más pequeñas posibles. Parece que incluso la nada tiene algo de energía, y hay mucha nada ahí fuera.

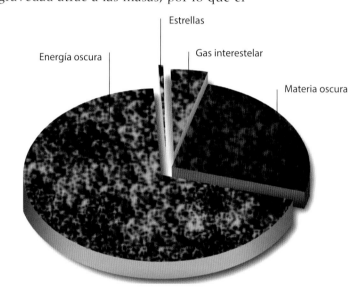

Energía oscura

Estrellas

Gas interestelar

Materia oscura

La tasa de expansión que ahora conocemos del universo, cada vez mayor, indica que átomos, planetas y estrellas constituyen una porción aún menos significativa del cosmos de lo que se pensaba. La materia visible es menos del 1 % del total. Añadamos alrededor de un 3 % para los gases y el polvo que es el mismo tipo de materia (difícil de ver), lo que deja el resto fuera de nuestro conocimiento: con materia oscura al 22 % y energía oscura al 7 %.

89 | Convivir en el espacio

MIENTRAS QUE LA NASA SE CENTRÓ EN LOS APOLO, EL OBJETIVO DE LA AGENCIA ESPACIAL SOVIÉTICA ERA DESARROLLAR ESTACIONES ESPACIALES o satélites tan grandes como para que una tripulación humana pudiera vivir dentro. En 1998, mientras la cooperación mundial en proyectos espaciales aumentaba, se puso en marcha la Estación Espacial Internacional (ISS, por sus siglas inglesas). Ahora es el mayor artilugio en el espacio, y la primera base humana permanente.

El éxito de las estaciones espaciales soviéticas en las décadas de 1970 y 1980 mostró el camino por el que las agencias espaciales podían pasar más horas en el espacio con presupuestos más bajos. Despegar con cargas pesadas al espacio era la parte más costosa de los viajes espaciales. Pero, una vez construida, una estación espacial podría albergar a una tripulación durante largos períodos. Solo se necesitaban vehículos de lanzamiento relativamente pequeños para enviar suministros y equipos de reemplazo.

La Estación Espacial Internacional nació en parte porque la Agencia Espacial Rusa (rediseñada tras su apogeo soviético) no pudo pagar la Mir 2. Mientras tanto, la NASA decidió archivar su propia estación, llamada Freedom, y asociarse con sus nuevos colegas rusos. Para 1998, japoneses y europeos también habían unido fuerzas, listos para sumar con los proyectos de sus teóricas estaciones espaciales. La agencia espacial canadiense, célebre por su robótica espacial, también participó cuando subió el primer módulo, Zarya («amanecer» en ruso).

Hacia el año 2000, cuando la estación Mir fue abandonada –terminó sus 15 años en el espacio al estrellarse en el Pacífico Sur–, llegó a la ISS su primera tripulación permanente. Ha estado ocupada desde entonces, se ha ampliado poco a poco, de modo que ahora tiene 16 módulos presurizados, con laboratorios, cabinas de tripulación y una cúpula para observar las estrellas. Tras desaparecer el programa de transbordadores de la NASA, y en lugar de un nuevo vehículo estadounidense, la ISS recibe servicio desde el cosmódromo de Baikonur, en el desierto de Kazajistán. Vivir en la ISS ya no es noticia, con una nueva generación de astronautas científicos que reemplazan a los pilotos de combate de los primeros tiempos. En 2001, Denis Tito, un magnate financiero estadounidense, pagó 20 millones de dólares para pasar ocho días en los aposentos rusos de la ISS: el primer turista espacial de la historia.

Los enormes paneles solares de la EEI hacen que tenga aproximadamente el mismo tamaño de un campo de fútbol. En ciertas épocas del año, cuando capta poca luz solar, es posible ver la nave espacial a simple vista mientras se mueve a alta velocidad por el cielo.

LAS PRIMERAS ESTACIONES ESPACIALES

La primera estación espacial fue Salyut 1, que despegó vacía en 1971. Después de un intento fallido para ocuparla, un segundo equipo vivió dentro hasta 23 días, pero murió trágicamente durante el aterrizaje. Salyut 1 ofreció mucha información sobre los sistemas de soporte vital, que se mejoraron para las estaciones Salyut de la siguiente década. Por entonces, la NASA lanzó solo una estación espacial, Skylab (abajo), construida durante la etapa final del cohete Saturno V. En 1986, la misión Salyut 8 se transformó en Mir («paz» en ruso). Esta fue la primera estación espacial modular, construida mediante la adición de nuevos componentes durante 10 años. La Mir permaneció en órbita hasta 2001 y fue el modelo de la ISS.

90 ¿Es la Tierra especial?

HASTA DONDE SABEMOS, LA TIERRA ES EL ÚNICO EMPLAZAMIENTO DEL UNIVERSO QUE ALBERGA VIDA. Las condiciones que necesita la vida se conocen bien y muchos astrónomos creen que la vida extraterrestre es, prácticamente, una certeza. Sin embargo, en 2000, un experto sobre la Tierra y un experto sobre el espacio unieron fuerzas para afirmar que nuestro planeta es, en realidad, muy raro, quizás único.

En la década de 1930, ya se sabía que el Sistema Solar no estaba cerca del centro de la Vía Láctea, y el «principio de la mediocridad» se afianzó. Este principio dice que nuestro Sol, su Sistema Solar y su planeta vivo no son nada del otro mundo. Todo lo que la vida necesita son las leyes de la física y de la química, además de unas condiciones adecuadas para que aparezca una sopa primordial donde ciertas entidades bioquímicas crezcan y se reproduzcan. A esto se le suele llamar planeta Ricitos de Oro (del inglés *Goldilocks planet*), un lugar en el espacio que no es demasiado caliente, ni demasiado frío, sino el justo medio. La Tierra ocupa esta órbita, y es el único lugar conocido que tiene agua líquida en su superficie, y la vida que la acompaña.

LO QUE FÁCIL VIENE, FÁCIL SE VA

Sin embargo, en 2000, el geólogo Peter Ward y el astrobiólogo Donald E. Brownlee afirmaron que la Tierra, en cualquier caso, es un planeta raro. No discutían que la vida pudiera darse en otro lugar; lo extraño, dijeron, era que todavía no hubiese llegado a su fin en la Tierra. Las explosiones cercanas de rayos gamma o los impactos de cometas podrían barrer la vida de su superficie, y otros ataques menos catastróficos también podrían poner en riesgo al planeta, y causar extinciones en masa. Se necesitó más que la zona Ricitos de Oro para que la Tierra haya mantenido tales catástrofes al mínimo durante los 3 500 millones de años, o más, de evolución de la vida. Dicha evolución, más o menos ininterrumpida, había acabado en una civilización capaz de cuestionar su lugar en el universo. ¿Es quizás esto lo que hace que la Tierra sea especial, incluso única?

¿Quienes son los ángeles de la guarda de la Tierra? La gravedad de nuestra gran luna calienta el interior de la Tierra y aumenta el campo magnético que protege de los desagradables rayos cósmicos, mientras que, probablemente, la atracción (la justa) de nuestro gran vecino Júpiter hacia el espacio profundo, barrerá muchos de los imprevisibles cometas que, de otro modo, podrían estrellarse contra la Tierra con cierta regularidad.

Se cree que la última extinción masiva ocurrió en la Tierra hace 69 millones de años, cuando un meteorito de 10 km impactó en lo que ahora es México. Si desde entonces hubiera ocurrido algo similar en algún momento, nuestra civilización habría terminado antes incluso de comenzar.

91 | Exoplanetas

EN 1992, SE VIO EL PRIMER PLANETA EN ÓRBITA ALREDEDOR DE OTRA ESTRELLA: UN EXOPLANETA. Unos 10 años más tarde, se perfeccionó un método mejor para detectar exoplanetas, por la forma en que atenuaban la luz de sus estrellas, y aparecieron los planes para lanzar el Kepler, un nuevo telescopio espacial para detectar planetas.

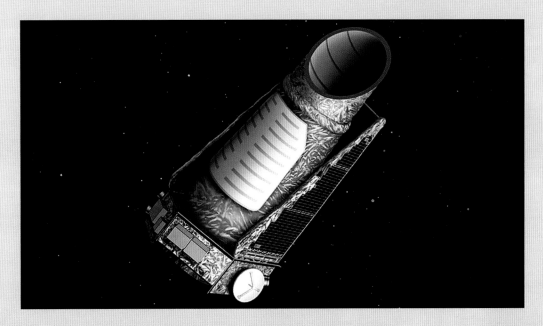

El telescopio Kepler, llamado así por el astrónomo que descubrió cómo orbitan los planetas, utiliza el método de detección de tránsito. Busca cambios en la luz de las estrellas según se mueven los planetas alrededor de sus estrellas. Más allá de la atmósfera, libre de brillos y otras distorsiones, puede detectar la reducción de la luz de una estrella producida por un planeta hasta 100 veces más pequeño que la Tierra.

Los primeros exoplanetas descubiertos fueron mundos extraños, pequeños trozos de roca que orbitaban un púlsar, bien distintos a nuestro Sistema Solar. El objetivo del Kepler y otras misiones de exoplanetas es encontrar sistemas más estables e identificar mundos que puedan albergar vida. Algo no tan sencillo como mirar una estrella y esperar a que aparezca un planeta en órbita. Los astrónomos emplean otros métodos de detección. La primera técnica buscaba el bamboleo gravitatorio en el movimiento de una estrella que causan los planetas que se mueven a su alrededor. El bamboleo se ve en los cambios en sus espectros. Una manera más fácil es esperar a que el brillo de las estrellas decaiga mientras sus planetas pasan por delante, vistos desde la Tierra, oscureciendo ligeramente la luz.

La Misión Kepler, lanzada en 2009, utilizó este método. Desde entonces, ha visto más de 5 000 objetos que parecen planetas, y más de la mitad se han confirmado. Un gran número parece orbitar en la zona de habitabilidad de su estrella, donde existe agua líquida. Sin embargo, la mayoría de estos cuerpos parecen ser gigantes gaseosos, mucho más grandes que la Tierra. Hasta ahora, se ha confirmado que 30 exoplanetas, cuyo tamaño es menos del doble que el terrestre –y, por lo tanto, con probabilidad de que tengan superficies rocosas–, se encuentran en la parte adecuada de sus sistemas. ¿Alguno de ellos alberga vida? El número de planetas en el universo puede ser mayor que el de estrellas. Incluso si la posibilidad de una civilización avanzada es solo una por cada mil millones de planetas, podría haber más de 100 tan solo en la Vía Láctea.

92 La nube de Oort y el cinturón de Kuiper

UNO DE LOS ENIGMAS DE LA ASTRONOMÍA ERA DE DÓNDE VENÍAN LOS COMETAS. DURANTE MILES DE MILLONES DE AÑOS, una cantidad ingente se había estrellado contra cualquier objeto, como la Tierra, pero no parecían disminuir en número. La respuesta se encontró en el borde de nuestro Sistema Solar.

PISTAS EN EL POLVO

En 2005, la sonda Deep Impact (abajo) fue enviada a disparar un proyectil de cobre en un cometa de período corto, Tempel 1. El misil creó una nube de polvo y un cráter observado por los detectores de la sonda. El año anterior, la sonda Stardust había barrido polvo de la coma de Wild 2, otro cometa. El polvo, encapsulado en un gel, fue lanzado en paracaídas a la Tierra en 2011. Ambas misiones concluyeron que los cometas tenían una capa de hielo y polvo de arcilla.

El Sistema Solar se formó a partir del disco de polvo y gas que quedó cuando el Sol creció tanto como para entrar en combustión. Los materiales densos, como los metales y los minerales rocosos, fueron atraídos por la gravedad hacia el interior, donde se formaron los cuatro planetas rocosos. Más lejos, los planetas exteriores se formaron a partir de gas y de hielo de baja densidad (ya que fuera hacía más frío). Los cometas eran «bolas de nieve sucias», trozos de hielo y roca sueltos desde los inicios del Sistema Solar, hace 4600 millones de años. En la década de 1950, el gran astrónomo holandés Jan Oort afirmó que los cometas nos visitaban desde una nube lejana de objetos helados que permanecían cerca del borde del Sistema Solar, demasiado lejos para tomar parte en la formación de planetas. Creía que los cometas eran arrojados de la nube por la gravedad de alguna estrella pasajera, a muchos años luz de distancia, que interrumpía el frágil equilibrio gravitatorio. Sin embargo, los cazadores de cometas apuntaron las diferencias en los períodos orbitales de los cometas, el tiempo que les toma dar la vuelta al Sol. Los cometas de período corto tardan menos de 200 años; los de período largo pueden necesitar miles. Mientras que el origen de las trayectorias de los objetos de período largo coincidía con lo que se había denominado la Nube de Oort, 1000 veces más lejos que Plutón, los trazados de los cometas de período corto indicaban que provenían de más cerca.

MUCHOS PLANETAS X

Desde los días de la teoría del Planeta X, cuando los astrónomos creían que había un objeto grande más allá de Neptuno (la búsqueda encontró a Plutón), pocas personas habían observado el Sistema Solar más allá de los planetas. Quizá hubiera objetos más pequeños ahí afuera, desde donde tal vez llegasen los cometas de período corto.

Una investigación a finales de la década de 1980, que buscaba de manera manual estos supuestos objetos, empleó la misma técnica de comparación de parpadeo utilizada para encontrar a Plutón 60 años antes. Pronto se automatizó mediante los CCD, un kit óptico electrónico que ahora es omnipresente en las cámaras digitales, pero que entonces era una tecnología muy avanzada. Poco a poco, se descubrieron objetos en lo que denominó el Cinturón de Kuiper, llamado así por otro astrónomo

El Sistema Solar es mucho más que una estrella, algunos planetas y un cinturón de asteroides. De hecho, estos ocupan solo un pequeño espacio en el medio. La creencia actual es que el Cinturón de Kuiper es un disco central que se conecta a la Nube de Oort.

holandés, Gerard Kuiper. En la década de 1950, afirmó que un disco de este tipo se creó durante la formación del Sistema Solar, aunque opinaba que Plutón lo había dispersado tiempo atrás; en ese momento se pensaba que era del tamaño de la Tierra.

¿LOS KBO AMENAZAN EL ESTADO DE PLUTÓN?

Tritón, una gran luna de hielo de Neptuno, orbita en dirección opuesta al resto de los satélites del planeta. Eso llevó a pensar que Tritón es un gran KBO (Objeto del Cinturón de Kuiper, en sus iniciales inglesas), capturado por el planeta gigante hace mucho tiempo. Tritón es más grande que Plutón, al igual que nuestra Luna, y en 2002, se descubrieron KBO del mismo tamaño que Plutón (es difícil medirlos con exactitud). Estos grandes intrusos influirían en la consideración de Plutón como el noveno planeta.

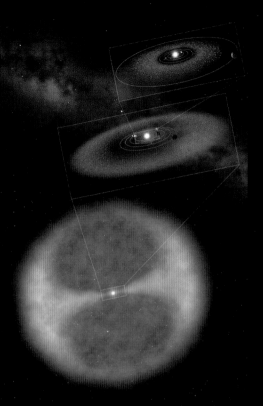

Planetas interiores y Júpiter

Cinturón de Kuiper

Nube de Oort

93 | Llegar a Titán

LAS PRIMERAS DESCRIPCIONES DE LOS ANILLOS DE SATURNO LAS REALIZARON EL HOLANDÉS CHRISTIAAN HUYGENS Y EL ASTRÓNOMO FRANCÉS GIOVANNI CASSINI.
En 1997, Huygens y Cassini partieron hacia Saturno. Estas sondas se enviaron para examinar los anillos y realizar el primer aterrizaje en otro sistema planetario.

La nave espacial de propulsión nuclear, un proyecto conjunto entre la NASA y la ESA, se llamaba Cassini, mientras que el pequeño vehículo a bordo era Huygens. La misión tomó la ruta panorámica, rodeando a Venus dos veces para obtener una asistencia gravitatoria que la llevase más allá de Júpiter, antes de llegar a Saturno en 2004. Allí pasó entre los anillos, que tienen solo unos pocos metros de grosor, pero más del doble del ancho del planeta. Cassini recorrió las lunas y, en 2005, dejó caer a Huygens a través de las gruesas nubes anaranjadas de Titán, la luna más grande de Saturno. El módulo de aterrizaje encontró un mundo cubierto de metano congelado, con océanos de propano y otros hidrocarburos más complejos.

El módulo explorador Huygens, el primero en aterrizar en la luna de otro planeta, cayó en una zona fangosa cubierta de rocas, y envió imágenes y datos atmosféricos desde Titán durante 90 minutos.

94 Planetas enanos

EN 2006, EL NÚMERO DE PLANETAS DEL SISTEMA SOLAR PASÓ DE NUEVE A OCHO, TRAS SER DEGRADADO PLUTÓN a planeta enano. Un descubrimiento un año antes había demostrado que Plutón no era el único pequeño gran objeto en la zona.

Una vez que Caronte apareció en escena, se hizo evidente que Plutón –representado aquí (para mostrar sus tamaños relativos) bajo Caronte, entre la Tierra y nuestra Luna–, no era exactamente el cuerpo que todos habían imaginado desde 1930. En 2005 se descubrió que Plutón tenía dos otras pequeñas lunas, llamadas Nix e Hidra. Un cuarto, Cerbero, fue visto en 2011, y un quinto, Estigia, en 2012.

En 1978, esa masa que se pensaba que era tan solo Plutón –que entonces se pensaba que era poco más que la de Mercurio–, resultó estar compartida entre Plutón y una luna muy grande. Ese satélite se llamaba Caronte (por el barquero de la mitología griega que llevaba almas al inframundo de Plutón) y tenía aproximadamente un tercio del tamaño de su «planeta». Hubo quien afirmó que Plutón-Caronte debería considerarse como un planeta binario, todavía como el noveno. Sin embargo, a medida que se establecía la extensión del Cinturón de Kuiper y otros muchos objetos mayores dentro de él, se hizo patente que había que replantearse las cosas.

Tras el descubrimiento en 2005 de Eris, un KBO algo más pesado que Plutón, la Unión Astronómica Internacional decidió actuar. Plutón, Eris, otros dos KBO, Haumea y Makemake, y el asteroide más grande, Ceres, serían redefinidos como planetas enanos. Lo que los distingue es que, en primer lugar, estos objetos, como los planetas, eran tan grandes como para que su gravedad los empujara a ser una esfera (aunque Haumea parece más un huevo). En segundo lugar, y a diferencia de un planeta, no eran lo suficientemente grandes como para despejar su trayectoria orbital de otros objetos. A medida que los planetas se formaban, atraían todo el material cercano a ellos, por lo que cualquier objeto por la zona acababa chocando contra el planeta en formación. Como resultado, los planetas orbitan en un espacio vacío. No así los enanos, con Ceres rodeada de asteroides y los demás en el cinturón de Kuiper.

Hasta ahora solo hay cinco planetas enanos, pero ahora se están estudiando muchos más. En unas pocas décadas podría haber docenas de planetas enanos en los libros, y todos necesitarán nombres. En la actualidad, los descubrimientos más recientes aún reciben el nombre de las deidades, como manda la tradición, pero ya no siempre de las grecorromanas.

95 Formación planetaria

EL DESCUBRIMIENTO DE EXOPLANETAS LLEVÓ A LOS ASTRÓNOMOS A PREGUNTARSE CÓMO SE FORMÓ NUESTRO PROPIO SISTEMA SOLAR. Lo que vieron alrededor de las estrellas lejanas no coincidía con las teorías anteriores sobre formación planetaria. En 2005 se propuso un nuevo modelo.

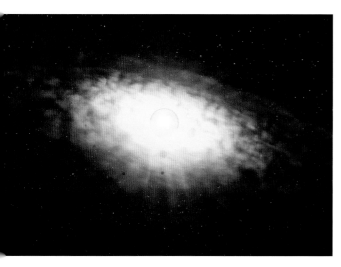

Un asunto recurrente sobre los exoplanetas recién descubiertos era el «júpiter caliente», un planeta gaseoso gigante que orbita a gran velocidad muy cerca de una estrella. Esto iba en contra de la experiencia a partir de nuestro propio Sistema Solar, donde solo existen cuerpos rocosos en esta zona, y los gigantes gaseosos y helados están en los más fríos confines exteriores. En 2005, cuatro astrónomos en Niza, Francia, partieron de estos descubrimientos y presentaron una nueva manera en que podría haberse formado nuestro Sistema Solar: el Modelo de Niza.

El modelo establecía que los cuatro planetas gigantes exteriores estaban en principio mucho más cerca del Sol y que el Sistema Solar exterior estaba lleno de un vasto disco de planetesimales (pequeños objetos de roca y hielo). Estos fueron empujados hacia adentro por los planetas gigantes, y en respuesta, los tres planetas exteriores se alejaron poco a poco. Los planetesimales que entraron en la zona de gravedad de Júpiter fueron lanzados hacia el borde del Sistema Solar, formando la Nube de Oort, lo que empujó a Júpiter aún más adentro.

Unos 600 millones de años después de la formación de los planetas, Saturno había cambiado a una órbita 1:2 con Júpiter, es decir, Saturno orbitaba una vez por cada dos órbitas de Júpiter. Los efectos gravitatorios de este llevaron a Saturno, y más tarde a Urano y a Neptuno, a órbitas ovales. Los gigantes de hielo arrasaron a los planetesimales restantes, y dispersaron a la mayoría, de manera que impactaron en otros planetas (como la joven Tierra), lo que se conoce como «bombardeo intenso tardío». El Cinturón de Kuiper representa los restos del disco planetesimal, que ahora ocupa su lugar por la gravedad de Neptuno. Otros planetesimales se convirtieron en lunas de planetas y asteroides troyanos, que ocupan las mismas órbitas que las de los planetas.

El Modelo de Niza ofrece una nueva versión de cómo el disco de objetos protoplanetarios que quedó tras la formación del Sol evolucionó hacia el Sistema Solar que observamos hoy a nuestro alrededor. El modelo tiene en cuenta las configuraciones aparentemente extrañas de exoplanetas en los muchos otros sistemas solares que vemos en otros puntos del cosmos.

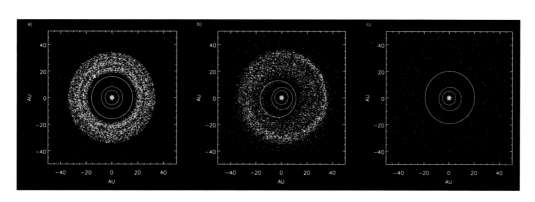

El Modelo de Niza se ha probado muchas veces en computadoras y genera los mismos resultados incluso cuando se modifican las condiciones de inicio. Hay una versión del modelo donde Urano es el planeta más externo, y hace unos 3 500 millones de años, los gigantes helados intercambiaron sus lugares.

96 | Exploradores marcianos

LAS IMÁGENES DE ASTRONAUTAS CONDUCIENDO POR LA LUNA EN EL EXPLORADOR LUNAR, EL MEJOR «BUGGY» SOBRE DUNAS, están entre las más icónicas del programa Apolo. La idea de enviar exploradores (o *rovers*) robóticos para explorar otros mundos se puso en práctica por entonces, pero nadie se hacía una idea de su verdadera dificultad.

La primera sonda móvil y robótica que rodó por la superficie de otro cuerpo celeste fue la Lunojod 1, un vehículo de ocho ruedas que fue la principal contribución soviética a la exploración lunar. La máquina, de 230 cm, parecía una bañera con ruedas, y llegó al Mar de las Lluvias en 1970. Pasó los siguientes 10 meses moviéndose miles de metros por la superficie lunar, analizando muestras de suelo y enviando imágenes.

UN TIEMPO FUERA

La NASA reconoció que un *rover* era lo mejor para investigar Marte, pero pasarían otros 27 años antes de que uno lo hiciera con éxito. En 1997, la misión Mars Pathfinder envió un pequeño explorador, el Sojourner, al planeta rojo. Este pequeño vehículo de seis ruedas era una especie de monopatín con energía solar, y aterrizó forrado de bolsas de aire para frenar su caída. Manejar Sojourner desde el puesto de control era un trabajo lento y concienzudo: cada orden le llevaba 10 minutos en llegar al rover. En 83 días, Sojourner viajó unos 100 m, envió las mejores imágenes de Marte y analizó su suelo en busca de huellas de materiales biogénicos, cualquier cosa que pudiera haber sido creada por vida alienígena, existente o desaparecida. Pronto se lanzaron más sondas, pero llegar a Marte no es tarea fácil.

Los vehículos exploradores de Marte —Spirit y Opportunity— llegaron en paracaídas, y los retrocohetes desaceleraron la caída antes de que los airbag salieran en los últimos 10 m. La velocidad de impacto fue de 100 km/h, lo que provocó que el módulo de aterrizaje rebotara una docena de veces y rodase 900 m.

SPIRIT Y OPPORTUNITY

Las siguientes tres misiones marcianas fracasaron, por lo que la tensión era elevada a principios de 2004, cuando un explorador mucho más grande, el Spirit, aterrizó en Marte. Unas semanas más tarde llegó un rover idéntico llamado Opportunity. Ambos se lanzaron en regiones planas, ideales para rebotar en bolsas de aire y con pocos obstáculos con los que los aterrizadores pudiesen chocar. Cada vehículo explorador estaba encerrado en una pirámide protectora, que se desplegaba —de manera

EN BUSCA DEL AGUA

En 2004, la NASA comenzó a planear el envío de astronautas a la Luna, y la misma nave espacial se utilizaría para volar a Marte en 2050. El Proyecto Constelación ya no existe, pero mientras duró, una sonda marciana encontró algo crucial en el plan para abordar el planeta: agua. Los astronautas deberían pasar varios meses en la superficie de Marte, y un suministro de agua en las rocas del planeta sería algo muy útil. En 2008, la sonda Phoenix aterrizó en el polo norte de Marte, donde cavó un agujero en el suelo helado. Phoenix encontró lo que parecían trozos de hielo (abajo a la izquierda, en la sombra) en el suelo polvoriento. Quedó confirmado cuando, cuatro días después, el hielo se derritió.

bastante ceremoniosa– creando rampas hasta el regolito de color óxido.

Tanto Spirit como Opportunity fueron éxitos sin precedentes. Diseñados para funcionar durante solo 90 días, exploraron durante muchos años. Sus cámaras estéreo escanearon el paisaje como si fuesen un par de ojos, midieron distancias y fotografiaron los increíbles paisajes del desierto marciano.

En 2009, Spirit rodó sobre un gran arenal y no pudo liberarse, por lo que el vehículo se convirtió en una estación de investigación estática. Sin embargo, no sobrevivió al invierno marciano de 2010. Durante la estación fría, los vehículos estacionaban en colinas iluminadas por el sol y «dormían» hasta el verano. Spirit no pudo hacerlo y perdió toda su energía en 2011. Opportunity continuó su misión, pero en 2018 entró en una hibernación de emergencia durante una tormenta de polvo por todo el planeta; en 2019, los científicos de la NASA tuvieron que declarar oficialmente que la misión había terminado.

UN EXTRA DE CURIOSITY

En 2012, la misión Mars Science Laboratory de la NASA envió el explorador Curiosity. El robot, del tamaño de un automóvil, bajó a la superficie desde una grúa flotante. A diferencia de sus predecesores, su energía es radioactiva, por lo que funciona en todas las condiciones, de día o de noche, y tiene un laboratorio a bordo para analizar rocas en busca de sustancias químicas con indicios de vida. Sin embargo, su taladro tiene solo 6 cm de largo. En 2020, ExoMars, un rover europeo, portará un taladro de 2 m para profundizar en Marte como nunca antes.

Opportunity fue uno de los MER, (*Mars Exploration Rovers*), junto con Spirit. Era casi del tamaño de un cochecito de golf, pero más lento. Se basaba en energía solar y podía funcionar indefinidamente, pero a la larga los duros inviernos marcianos lo desgastaron. En 2014, superó el récord de Lunojod 2 de distancia recorrida en un mundo alienígena. En enero de 2018, el rover había cubierto ya 45 km.

97 | Encuentro con el cometa

EL AÑO 1986 RECIBIÓ LA PRIMERA VISITA DEL COMETA HALLEY DESDE EL COMIENZO DE LA ERA ESPACIAL, y una serie de sondas examinó de cerca a nuestro querido visitante. En 2014, la sonda Rosetta llevó la ciencia del cometa a un siguiente nivel al entrar en órbita alrededor de un cometa grande e incluso dejó caer un módulo de aterrizaje sobre su superficie.

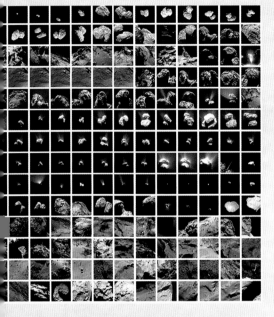

En 2004, Rosetta se lanzó para un largo periplo a su cita con la historia, 10 años después. El objetivo era el cometa 67P/Churyumov–Gerasimenko, pero mejor conocido tan solo como 67P. Este cometa fue elegido porque Júpiter lo había empujado hacía poco a una órbita que lo había colocado mucho más cerca del Sol que antes. Cuando están lejos del Sol, los cometas son cuerpos oscuros. La palabra cometa viene del griego «cabellera de estrella», y cobran vida y producen el distintivo «coma» brillante y la cola larga cuando encuentran el viento solar. Esta corriente de gases electrificados que sale del Sol calienta el hielo sucio del cuerpo (o núcleo) de un cometa, lo que hace que se generen erupciones de gas y polvo incandescentes. Con cada paso del Sol, el cometa pierde algo de tamaño. Sin embargo, 67P era relativamente nuevo, y su superficie se mantenía en buena parte intacta desde su formación inicial

Rosetta observó a 67P mientras se convertía en un cometa en toda regla. Una de las preguntas principales que se esperaba responder con Rosetta era si el agua del cometa tenía el mismo origen que la de la Tierra. Si fuera así, quizá los océanos de la Tierra se llenaron, al menos en parte, de agua traída del espacio por los cometas. Sin embargo, las pruebas de 67P indican lo contrario: el agua de la Tierra es de origen terrestre.

ENCUENTRO EN EL ESPACIO PROFUNDO

Rosetta llegó a 67P mientras el cometa aún distaba de la órbita de Marte. El orbitador estaba lleno de espectroscopios y radares para estudiar las características de la superficie del cometa y cualquier polvo o gas que emitiese cuando calentase el 67P. También a bordo estaba el experimento de sondeo del núcleo del cometa por transmisión de ondas de radio, o CONSERT (por sus siglas en inglés), un sistema similar a un radar que escaneaba el interior del cometa. CONSERT se construyó para funcionar con un módulo de aterrizaje, llamado Philae, que se estacionaría en el extremo más alejado de 67P para recoger el potente haz de radio de CONSERT. Sin embargo, el aterrizaje de Philae fue más difícil de lo esperado. 67P no era una esfera, sino que tenía la forma de un inmenso pato de goma. El módulo de aterrizaje descendió, pero se detuvo en un lugar sombrío donde la luz solar no era suficiente para impulsar todos sus experimentos, aunque CONSERT fue un éxito. Rosetta permaneció en órbita alrededor de 67P durante poco más de dos años. Luego, su último acto fue estrellarse contra el cometa, manteniendo la transmisión hasta el final.

EL REGRESO DEL HALLEY

Como es sabido, el período orbital del cometa Halley había sido calculado por Edmond Halley en 1705, por lo que no fue una sorpresa que el cometa se acercase. Las agencias espaciales del mundo estaban listas para tener una visión más próxima que nunca. Se lanzó una flota de cinco sondas para encontrarse con el cometa, dos de Japón y dos sondas soviéticas Vega que llegaban dede Venus. La mejor vista fue desde la quinta sonda, la Giotto de Europa, que pasó a menos de 595 km del núcleo, enviando imágenes de la bola de nieve sucia que lanzaba gas y polvo resplandecientes.

98 | Sobrevolar Plutón

CUANDO LA NAVE ESPACIAL NEW HORIZONS DESPEGÓ DE FLORIDA A PRIMEROS DE 2006, SU MISIÓN ERA «VISITAR EL PLANETA PLUTÓN». Unos pocos meses después, el mundo de la astronomía acordó que Plutón no era en realidad un planeta. A pesar de este descenso de categoría, Plutón sedujo al mundo cuando New Horizons realizó el sobrevuelo más lejano de la historia.

New Horizons estaba destinada a cerrar el círculo. Las sondas espaciales habían visitado los otros ocho planetas, excepto el diminuto Plutón, que es tan pequeño que incluso cuando se ve a través del telescopio espacial Hubble, parece una bola de píxeles borrosa. En verdad iba a ser un viaje de descubrimientos –incluso el tamaño de Plutón era un misterio–, con muchos desafíos por superar. Nunca antes una sonda había viajado tan lejos para encontrarse con un objeto tan pequeño. Incluso un pequeño error podía provocar que la sonda extraviase su objetivo por miles, incluso millones de kilómetros. Una vez en Plutón, se necesitarían nueve horas para recibir señales de radio de la sonda y luego devolverlas. La fase de aproximación del sobrevuelo era de tan solo 12 horas, por lo que si algo iba mal, no habría tiempo para corregirlo. Además, a más de la mitad del camino se descubrió que el planeta enano tenía dos lunas más de lo que se pensaba. Por fortuna, no iban a interferir con la trayectoria de New Horizons.

CORAZÓN A CORAZÓN

El 14 de julio de 2015, New Horizons pasó a 12 472 km sobre Plutón. De cerca, Plutón apareció como un mundo hecho sobre todo de nitrógeno congelado. Este hielo era más puro en las zonas bajas, donde formaba capas de hielo blanco brillante. La zona de hielo plano más clara era una región en forma de corazón que ocupaba el centro del mapa de Plutón de la sonda New Horizons. Se le dio el nombre no oficial de Tombaugh Regio, por Clyde Tombaugh, el descubridor de Plutón en 1930. Las regiones montañosas de Plutón eran más oscuras porque allí el hielo se mezclaba con hidrocarburos parecidos al alquitrán. Algunos picos se encontraban a 3 km sobre las llanuras, y la forma en que se podrían formar grandes paisajes en un cuerpo pequeño y frío es uno de los misterios que ha generado New Horizons. Ahora, la sonda de energía nuclear ha dejado atrás Plutón; a principios de 2019 visitó Ultima Thule, un KBO ubicado a 1 600 millones de kilómetros más allá de Plutón.

New Horizons necesitó nueve años para viajar 30 UA, o 4 400 millones de kilómetros, hasta Plutón. Para llegar a tiempo, abandonó la Tierra con la mayor velocidad de escape de la historia: 58 536 km/h. Consiguió un 20 % de velocidad extra gracias a la asistencia gravitatoria de Júpiter.

99 | Ondas gravitatorias

EN SU TEORÍA GENERAL DE LA RELATIVIDAD DE 1916, ALBERT EINSTEIN PREDIJO QUE LA CURVATURA DEL ESPACIO-TIEMPO provocada por la energía, generaría ondas. Dichas ondas viajarían por el universo a la velocidad de la luz, apretando y estirando el espacio a su paso. Casi un siglo después, uno de los detectores más sensibles de las historia demostró que Einstein, una vez más, tenía razón.

El experimento se llama LIGO (por sus siglas en inglés), que significa Observatorio de Ondas Gravitatorias por Interferometría Láser. A diferencia de un observatorio normal, comprende dos tubos de 4 km colocados en ángulo recto y, como indica el nombre LIGO, estos tubos albergan potentes rayos láser. El láser está ahí para detectar el cambio en la forma del espacio y el tiempo. No es posible medir estos cambios mediante una regla, por ejemplo. En primer lugar, los cambios son muy pequeños, pero más importante, afectan a todo en el espacio. Como una onda gravitatoria estira el espacio, la regla también se estiraría y, de acuerdo con ese método de medición, nada habría cambiado en absoluto.

LIGO sortea este problema utilizando un comportamiento de luz llamado interferencia. Cuando dos rayos de luz se encuentran, sus ondas se fusionan. Cuando los picos y los canales están sincronizados, las ondas crean un solo haz más intenso. Cuando las ondas no están sincronizadas, los rayos se combinan para no producir luz. LIGO divide un rayo láser en dos y lo envía por sus tubos para que se refleje desde los espejos en el otro extremo. Los espejos se colocan de manera que un rayo recorre media longitud de onda más que el otro, una diferencia de milmillonésimas de metro. Cuando los rayos divididos se encuentran en el punto de inicio, están totalmente desincronizados y se destruyen entre sí. Si la longitud de uno de los tubos se altera ligeramente –debido a una onda gravitatoria, por ejemplo– la sincronización de los láseres cambia para que no se fusionen en el camino, sino que hagan una serie de «parpadeos». Para contar con los temblores de tierra y otros ruidos no deseados, LIGO tiene dos sedes en EE. UU., una en Louisiana y la otra en el estado de Washington. Los efectos asociados a la Tierra se sienten solo en una de las sedes, pero cualquier variación detectada en ambas implica que viene generada por sucesos cósmicos.

El 14 de septiembre de 2015, a las 9:50:45 GMT, unas ondas espaciales generadas por dos agujeros negros que colisionaron hace mil millones de años llegaron a la Tierra y fueron detectadas por ambos detectores LIGO (un experimento similar confirmó los resultados en Europa) Así llegaba la primera prueba de ondas gravitatorias, y ofrecía una nueva manera de observar el universo: por su gravedad, no por radiación. Esta técnica puede transformar la astronomía en las próximas décadas.

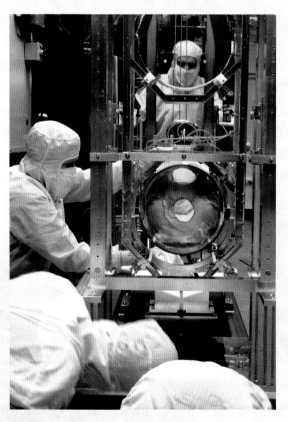

El equipo láser LIGO debe aislarse de cualquier movimiento exterior, razón por la que está suspendido en el aire.

100 | Ver más lejos

Queda mucho por ver en el universo, y hay dos nuevos telescopios que permitirán observar más y con más detalle que nunca. El telescopio espacial James Webb utilizará el calor, no la luz, para obtener imágenes de las estrellas, mientras que el Telescopio Extremadamente Grande (ELT) podrá detectar gases en la atmósfera de los exoplanetas.

El Telescopio Extremadamente Grande utilizará una «óptica adaptativa» para filtrar los efectos de la atmósfera (como los efectos que hacen que las estrellas titilen). Los láseres se usan para crear un punto de luz en el cielo en una posición conocida, lo que sirve para mostrar los efectos que las condiciones atmosféricas producen en la luz que brilla a través de él. Luego, el cuarto espejo en el telescopio se ondula y deforma −1 000 veces por segundo− para contrarrestar esos efectos, creando así una imagen lo más impecable posible.

La luz que llega desde unos 13 200 millones de años luz de distancia se ha expandido tanto por el crecimiento del universo que se ha convertido en infrarrojo invisible. Por lo tanto, las estrellas más allá de esa distancia (y más cerca del Big Bang) nunca podrían detectarse con telescopios de luz como el Hubble. La atmósfera de la Tierra bloquea en gran medida los infrarrojos, por lo que la única opción es colocar telescopios infrarrojos en el espacio. Aquí entra en acción el telescopio espacial James Webb de la NASA, que en la actualidad se está preparando para la acción. Los telescopios infrarrojos deben mantenerse muy fríos: todo calor que se filtre desde el Sol solaparía cualquier señal débil del espacio profundo. El telescopio Webb tomará una órbita que estará siempre cobijada del Sol por la Tierra, y un escudo térmico del tamaño de una cancha de tenis mantendrá su detector por debajo de −223 °C. La NASA explica la potencia de Webb diciendo que podría captar el calor de un abejorro en la Luna. Una vez en funcionamiento, a principios de la década de 2020, Webb tomará imágenes de las primeras galaxias que se formaron tras el Big Bang y mirará en el interior de las nebulosas oscuras para ver cómo se forman las estrellas.

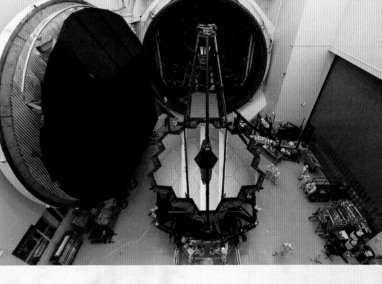

El telescopio espacial James Webb está equipado con un chapado en oro de 6,5 m de diámetro, que debe plegarse durante el despegue.

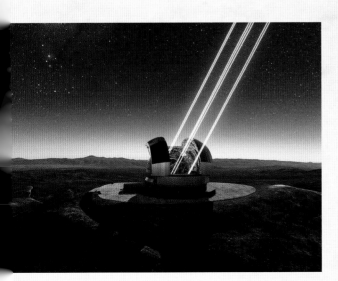

ESPEJOS MONSTRUO

Desarrollado por el Observatorio Europeo Austral, el Telescopio Extremadamente Grande (ELT, por sus siglas en inglés) es realmente grande, y cuando se complete, en 2024, su espejo principal tendrá 39,3 m de diámetro. Será 15 veces más potente de lo que es hoy el Hubble. Sin embargo, no se encuentra en Europa, sino en las montañas secas y desérticas del norte de Chile, donde el clima es más adecuado para observar las estrellas. El ELT se usará para ver exoplanetas, discos protoplanetarios, agujeros negros y las primeras galaxias con mayor detalle que nunca.

Astronomía: conceptos básicos

BIEN... ¿Y QUÉ APORTAN TODOS ESTOS DESCUBRIMIENTOS? Si miramos la astronomía desde otro punto de vista, uniendo todas las líneas de investigación, podemos explorar los principios básicos de esta materia.

Las cuatro fuerzas

Una fuerza es una transferencia de energía de una masa a otra y tiene el efecto de alterar el movimiento de ambos cuerpos. A lo largo de los años, los físicos han identificado cuatro fuerzas fundamentales en el trabajo en la Tierra. El principio básico de la astronomía es que las leyes de la física, tal como se observan en la Tierra, también se aplican en otros rincones del universo. Por lo tanto, las propiedades de las cuatro fuerzas respaldan nuestro conocimiento sobre la formación las estrellas y el movimiento de los planetas, y nos permiten interpretar las luces que vemos en el cielo.

La primera fuerza es la **nuclear fuerte**. Mantiene unidos los protones y los neutrones que forman el núcleo de un átomo. Es la más fuerte de las cuatro, como su nombre indica, pero su influencia apenas se extiende más allá del núcleo. La segunda fuerza, la **nuclear débil**, tiene que ver con la radiactividad, donde se expulsan partículas de un núcleo atómico inestable (el material expulsado se detecta como

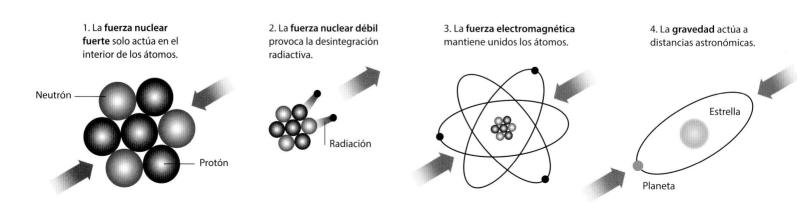

1. La **fuerza nuclear fuerte** solo actúa en el interior de los átomos.

2. La **fuerza nuclear débil** provoca la desintegración radiactiva.

3. La **fuerza electromagnética** mantiene unidos los átomos.

4. La **gravedad** actúa a distancias astronómicas.

Neutrón

Protón

Radiación

Estrella

Planeta

radiactividad o radiación nuclear.) En tercer lugar, tenemos la fuerza **electromagnética**, la de «los opuestos se atraen, los iguales se repelen». Mantiene los electrones cargados negativamente alrededor del núcleo, cuya carga es negativa. La misma fuerza impide la fusión de dos átomos. Los electrones negativos de cada uno se repelen entre sí, dando a la materia su forma y resistencia al cambio. El electromagnetismo también funciona a mayor escala: en el magnetismo y la electricidad. Por último, la cuarta fuerza es la **gravitatoria**. Una fuerza de atracción que actúa en todo lo que tenga masa. Una masa más grande actúa con más fuerza sobre la más pequeña, y la gravedad de billones y billones de cuerpos es la que sitúa a todos los objetos en sus respectivas posiciones a través del espacio.

Observación de la radiación

La astronomía es una ciencia indirecta. No se puede chequear la mayoría del universo, está demasiado lejos. En cambio, los astrónomos recopilan información recogiendo luz y otras radiaciones del cielo. Solo una pequeña parte de la radiación espacial es visible para el ojo. La atmósfera de la Tierra es transparente para la luz visible –es por eso que hemos evolucionado para verla–, y las ondas de radio atraviesan el aire sin dificultad. Sin embargo, la mayor parte del infrarrojo de las estrellas, los rayos ultravioleta, los rayos X y rayos gamma de alta energía no llegan a la superficie. Los telescopios observan mejor estos rayos fuera de la atmósfera, en órbita.

LOS OJOS DEL CIELO

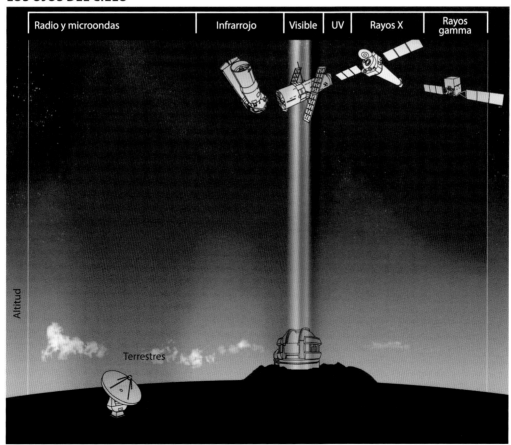

LUNA

El único satélite de la Tierra es el más grande del Sistema Solar, comparado con el tamaño de su planeta. Su diámetro es apenas cuatro veces menos que el de la Tierra: 3 475 km.

SOL

Una estrella enana amarilla en la mitad de su vida de 10 mil millones de años. Hacia el final, el Sol se hinchará hasta convertirse en una gigante roja, y engullirá a Mercurio y Venus, lo que hará de la Tierra el primer planeta. Nuestra atmósfera será destruida, poniendo fin a la posibilidad de vida. Sin embargo, las lunas de Júpiter se calentarán y podrían ser un refugio para cualquier vida inteligente que permanezca en la Tierra dentro de 50 millones de siglos.

Diámetro: 1 392 000 km
Temperatura superficie: 5 500 °C
Temperatura del núcleo: 15 000 000 °C.

MERCURIO

El primer planeta tiene un núcleo metálico grande y una corteza delgada. El poderoso viento solar ha eliminado más o menos toda la atmósfera del planeta.

Diámetro: 4 878 km
Distancia al Sol: 0,4 UA
Año: 88 días
Día: 59 días
Lunas: 0
Temperatura superficie: 427 °C

VENUS

El lugar más cálido del Sistema Solar, debido al efecto invernadero de su espesa atmósfera de dióxido de carbono y gas sulfuroso. Venus rota en la dirección opuesta a la mayoría de los otros planetas, y el año venusiano es más corto que su día.

Diámetro: 12 104 km
Distancia al Sol: 0,7 UA
Año: 225 días
Día: 243 días
Lunas: 0
Temperatura superficie: 460 °C

TIERRA

El mayor de los planetas rocosos. Es el único que tiene agua líquida, y los océanos cubren el 70 % de su superficie con una profundidad media de 4 200 m.

Diámetro: 12 756 km
Distancia respecto al Sol: 1 UA
Año: 365 días
Día: 24 horas
Lunas: 1
Temperatura superficie: 14 °C

MARTE

Un planeta frío y desértico, es probablemente el único que se pueda visitar por exploradores humanos. Está cerca del cinturón de asteroides, y sus dos lunas, Fobos y Deimos, son asteroides grandes capturados por la gravedad del planeta.

Diámetro: 6 787 km
Distancia al Sol: 1.5 UA
Año: 687 días
Día: 24,5 horas
Lunas: 2
Temperatura superficie: -20 °C

El Sistema Solar

El Sistema Solar se formó hace 4 600 millones de años, cuando una supernova en el Brazo de Orión de la Vía Láctea envió una onda de choque a una nube de hidrógeno, helio y pequeñas cantidades de otros elementos. Esa disrupción provocó que la nube se contrajera bajo su propia gravedad, y formó una bola giratoria de hidrógeno que creció lo suficiente como para arder: así nació una nueva estrella.

La rotación dispersó un disco de restos de polvo, hielo y gas alrededor de la estrella. El contenido de este disco chocaba de continuo, y se agrupaba poco a poco en cuerpos más grandes, embriones planetarios denominados planetesimales. Estos crecieron y crecieron, ya que su gravedad se tragó los objetos más pequeños de la zona. Los planetesimales internos estaban compuestos de metales densos y minerales rocosos; los exteriores, de gases de baja densidad y de hielo semiderretido. Tras un bullicioso periodo de colisiones que duró 500 millones de años, el nuevo sistema solar se estableció con ocho planetas: cuatro pequeños y rocosos, y cuatro gigantes hechos de gases, líquidos y hielos. Solo hacía falta una civilización que reclamase este espacio.

SATURNO

El segundo planeta más grande, pero el de menor densidad. Compuesto principalmente de gas, Saturno flotaría en el agua si tuviéramos un cubo tan grande como para colocarlo allí. Los anillos son los restos de una luna de hielo destruida, o un disco protolunar de materia que no pudo formar una luna por las fuerzas de marea de Saturno.

Diámetro: 120 540 km
Distancia respecto al Sol: 9,6 UA
Año: 29,5 años
Día: 10,5 horas
Lunas: 61
Temperatura superficie: -168 °C

URANO

De primeras, parece un poco soso: Urano es una esfera de metano sin rasgos destacables sobre un interior de hielo fangoso, sin actividad. Sin embargo, ha tenido sus momentos de gloria. En un pasado lejano, algo tan grande como para «descarrilar» a Urano de su eje lo golpeó. Ahora el gigante de hielo no gira como los demás, sino que «rueda» de lado alrededor del Sol: su eje apunta hacia la estrella.

Diámetro: 51 118 km
Distancia respecto al Sol: 19,2 UA
Año: 84 años
Día: 18 horas
Lunas: 27
Temperatura superficie: -200 °C

NEPTUNO

El último planeta también es el más ventoso. Con pocos o ningún cambio climático para crear turbulencias, los mismos vientos soplan sobre de Neptuno desde hace millones de años, sin nada que los detenga. ¡La sonda Voyager 2 registró vientos de 2 000 km/h!

Diámetro: 49 528 km
Distancia al Sol: 30 UA
Año: 165 años
Día: 19 horas
Lunas: 14
Temperatura superficie: -212 °C

JÚPITER

El planeta más grande está compuesto sobre todo de gas. Es probable que en el interior exista un núcleo sólido de roca y hielo del tamaño de la Tierra. Los planetas gigantes giran muy rápido, y Júpiter es el más rápido de todos. Las regiones ecuatoriales se mueven más rápido que las polares, lo que agita la atmósfera.

Diámetro: 142 800 km
Distancia al Sol: 5,2 UA
Año: 11,9 años
Día: 10 horas
Lunas: 69
Temperatura superficie: -124 °C

Una mirada a los eclipses

Un eclipse es el más popular de los eventos astronómicos; a menudo, miles de personas lo ven juntas en un mismo enclave. Se pueden observar sin ningún equipo y a menudo ocurren en pleno día. Hay dos tipos: el lunar y el solar. En el primero, la Tierra se encuentra entre el Sol y la Luna. Su sombra discurre por la superficie lunar durante unas pocas horas, y oscurece una parte. En un eclipse lunar completo, la Luna se vuelve roja, ya que solo la luz refractada a través de la atmósfera de la Tierra ilumina su superficie.

En un eclipse solar, es la Luna la que se acomoda entre el Sol y la Tierra, y proyecta un cono de sombra sobre nuestro planeta. Esta zona oscura se extiende por la superficie de la Tierra a medida que el planeta rota. Cualquiera que se encuentre dentro de la zona de penumbra puede ver la Luna oscureciendo parte del Sol. Sorprendentemente, incluso un sol «menguante» es suficiente para iluminarnos. En la umbra, o sombra central, todo el Sol se oscurece, volviendo el día de noche durante unos increíbles momentos.

Es una coincidencia que las posiciones de la Luna y de la Tierra hagan coincidir sus tamaños relativos.

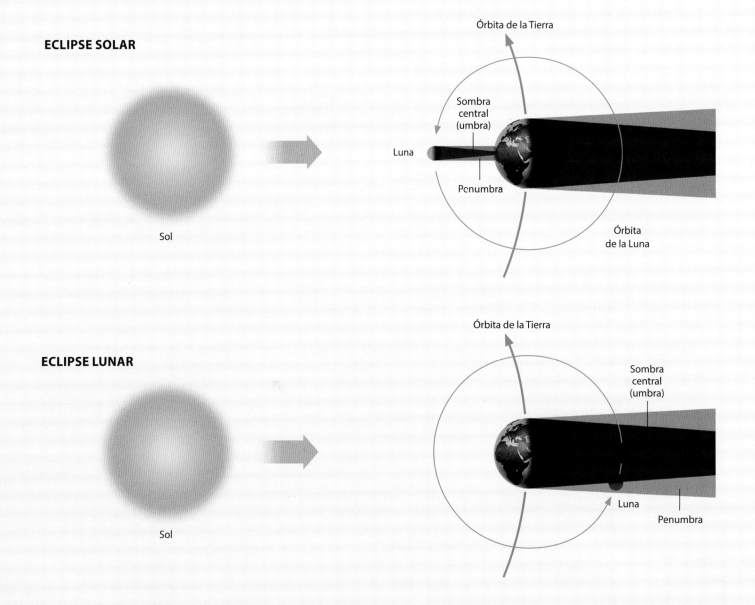

Vida y muerte de las estrellas

Todas las estrellas nacen en una inmensa nube de gas, sobre todo a partir del hidrógeno que «sobró» tras el Big Bang, pero también de otros materiales lanzados desde estrellas más antiguas que han muerto. La gravedad empuja parte del gas a una bola cada vez más densa, hasta que el centro está bajo una presión tan alta como para que dé comienzo la fusión nuclear. La energía liberada es lo que hace que la estrella brille: emite luz, calor y otras radiaciones. El hidrógeno es el combustible de la estrella y una vez se haya agotado, la estrella comenzará a morir. La forma en que esto sucede depende del tamaño de la estrella original.

EVOLUCIÓN DE LAS ESTRELLAS

Estrellas de masa pequeña o mediana (como el Sol)

Nebulosa   Secuencia principal   Gigante roja   Nebulosa planetaria   Enana blanca

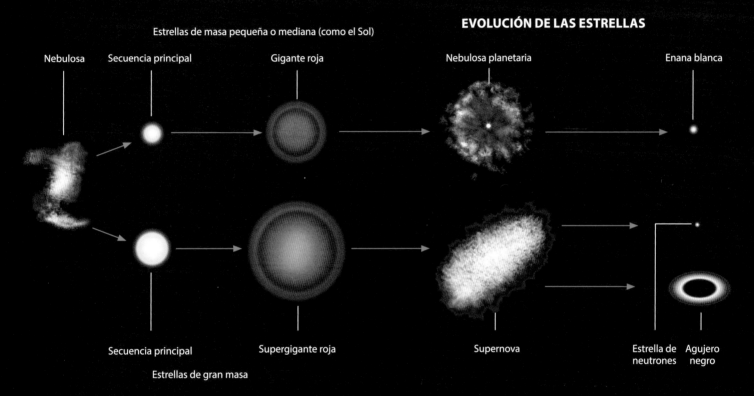

Secuencia principal   Supergigante roja   Supernova   Estrella de neutrones   Agujero negro

Estrellas de gran masa

Una estrella promedio, como es el So,l se hinchará hasta formar una gigante roja, mucho más grande pero también más fría. Durante un tiempo, los átomos más pesados, como el helio y el carbono, se fusionarán en el interior, pero la fusión acabará por detenerse, y la atmósfera de la gigante se desvanecerá formando una nube de materia llamada nebulosa planetaria. Estará constituida por elementos más pesados, como el sodio, el hierro o el neón. En su corazón está el núcleo incandescente de la estrella, una enana blanca. Las enanas blancas se enfrían poco a poco para convertirse en enanas negras: frías, no brillantes e invisibles (todavía no existen enanas negras; tardan miles de millones de años en formarse y el universo es demasiado joven).

Las estrellas con más de 1,38 veces la masa del Sol acaban con una explosión, y forman una supergigante que implosiona bajo su gran peso, y generan una supernova. Una supergigante más pequeña termina como una estrella de neutrones, de unos pocos kilómetros de diámetro. La materia de la estrella degenera en un material ultradenso de neutrones puros. El núcleo de las estrellas más grandes puede colapsar aún más y convertirse en un agujero negro. Este pequeño objeto, pero inmensamente pesado, tiene una gravedad tan fuerte que nada, ni siquiera la luz, puede escapar.

Una breve historia del universo

En el principio era una explosión. No solo grande, sino que sucedía en todas partes, lo que hacía que todo el espacio estuviera muy, muy caliente. La historia del universo es la historia de este espacio caliente pero diminuto, en expansión y enfriamiento. A medida que se enfriaba, el universo evolucionó hacia lo que hoy vemos ante nosotros. Los cosmólogos, los científicos que estudian el Big Bang y sus derivaciones, dividen la historia del universo en épocas, en las que fueron característicos determinados fenómenos.

LAS ÉPOCAS DEL UNIVERSO

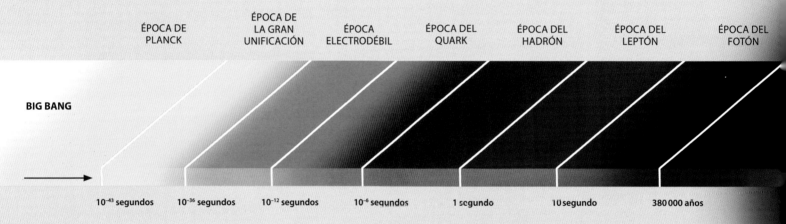

| ÉPOCA DE PLANCK | ÉPOCA DE LA GRAN UNIFICACIÓN | ÉPOCA ELECTRODÉBIL | ÉPOCA DEL QUARK | ÉPOCA DEL HADRÓN | ÉPOCA DEL LEPTÓN | ÉPOCA DEL FOTÓN |

BIG BANG

| 10^{-43} segundos | 10^{-36} segundos | 10^{-12} segundos | 10^{-6} segundos | 1 segundo | 10 segundo | 380 000 años |

La Época de Planck ocurre en la división de tiempo más breve posible- En este periodo, las actuales leyes de la física no tienen efecto, y los cosmólogos aportan teorías como la de la teoría de cuerdas y la supersimetría, en donde todas las fuerzas de la naturaleza actúan como una sola.

El universo se enfría lo suficiente como para que la gravedad cobre vida de manera independiente, pero las otras tres fuerzas permaneces unificadas.

La fuerza nuclear fuerte se separa de la débil (la nuclear débil y el electromagnetismo aún son solo una).

Se forman las partículas llamadas quarks. Son energía que va tomando masa.

Tres quarks se unen para formar un hadrón, partículas mayores como los protones y los neutrones.

Además de la materia, hay antimateria, y los hadrones y antihadrones se aniquilan entre sí, dejando solo partículas de leptones más pequeñas, como electrones y positrones. A su vez, estas y sus antipartículas opuestas se aniquilan entre sí.

A medida que desaparece toda esa antimateria y materia, el universo queda dominado por los fotones, las partículas que transportan la luz y otras radiaciones.

Hasta unos 500 millones de años tras el Big Bang, el universo permanece oscuro: toda la radiación se absorbe inmediatamente después de su emisión. Una vez que se forman los primeros átomos simples, los fotones de radiación ya pueden brillar por el espacio. Hace unos 800 millones de años comienzan a formarse las primeras estrellas y galaxias.

La Tierra se formó hace 4 600 millones de años. Los humanos, tal y como los conocemos hoy, aparecieron hace unos 120 000 años, lo que supone el 0,03 % del tiempo de vida del planeta.

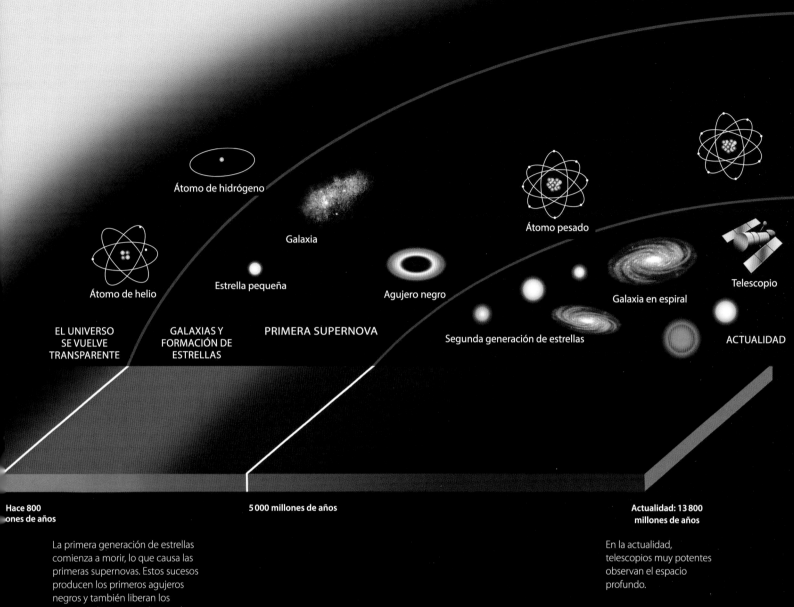

Átomo de hidrógeno

Galaxia

Átomo pesado

Átomo de helio

Estrella pequeña

Agujero negro

Galaxia en espiral

Telescopio

EL UNIVERSO
SE VUELVE
TRANSPARENTE

GALAXIAS Y
FORMACIÓN DE
ESTRELLAS

PRIMERA SUPERNOVA

Segunda generación de estrellas

ACTUALIDAD

**Hace 800
ones de años**

5 000 millones de años

**Actualidad: 13 800
millones de años**

La primera generación de estrellas comienza a morir, lo que causa las primeras supernovas. Estos sucesos producen los primeros agujeros negros y también liberan los primeros elementos más pesados, que formarán planetas alrededor de la siguiente generación de estrellas.

En la actualidad, telescopios muy potentes observan el espacio profundo.

Tipos de galaxias

Existen al menos 125 mil millones de galaxias en el universo (15 por cada persona en la Tierra, y sobran unas cuantas). Aparecen en diferentes formas, tamaños y edades. Las más nuevas son de forma irregular, con muchas estrellas jóvenes y brillantes. A medida que las galaxias crecen y se vuelven más pesadas, se forman espirales giratorias, como la Vía Láctea. La mayoría de las espirales tienen secciones centrales, donde se concentra la mayor parte de la formación de estrellas. Las galaxias antiguas y más grandes, que pueden haber absorbido muchas otras pequeñas, son elípticas.

Eíptica

Espiral

Lenticular

Irregular

QUIZÁ MÁS QUE CUALQUIER OTRA CIENCIA, LA ASTRONOMÍA SE ENCUENTRA HOY EN UN MOMENTO FASCINANTE. Algunos nuevos descubrimientos han socavado nuestras ideas básicas sobre el universo. Los enigmas no escasean y tal vez estemos al borde de algunos grandes hallazgos. Cualesquiera que sean las respuestas que los astrónomos encuentren en el futuro, estas son algunas de las preguntas.

¿Nos visitan los alienígenas?

Carl Sagan, el gran divulgador científico de finales del siglo XX, tuvo una curiosa respuesta. Dada la avanzada edad del universo y su gran tamaño, si fuera posible que una hipotética tecnología aprovechase una característica aún desconocida del espacio-tiempo para recorrer las grandes distancias interestelares y visitar la pequeña y vieja Tierra, entonces una antigua y avanzada cultura alienígena ya lo habría hecho. Afirmó que los avistamientos de ovnis, en aumento desde la invención de las máquinas voladoras, eran una tapadera para las pruebas militares de la Guerra Fría. Sagan no decía que los extraterrestres no existiesen, sino que nunca podremos encontrarnos. Las distancias son demasiado grandes. Sin embargo, no dijo que fuese imposible que los extraterrestres estuvieran en camino, o tan improbable que no valiese la pena considerarlo. El proyecto SETI (*Search for ExtraTerrestrial Intelligence*, «Búsqueda de Vida Extraterrestre») ha filtrado ondas de radio desde el espacio durante 35 años, buscando señales artificiales. Si se detectase un mensaje mañana, es probable que hubiera viajado desde tan lejos y durante tanto tiempo que su remitente viviese antes de la evolución de la especie humana.

¿Existe una Teoría del Todo?

La Teoría de Todo es una manera de describir cómo funciona el universo mediante un solo sistema. En este momento usamos dos: la mecánica cuántica para las tres primeras fuerzas (nuclear fuerte, nuclear débil y electromagnética), y la teoría de la relatividad para la gravedad. La mejor candidata para una teoría unificadora es la supersimetría, una descendiente de la teoría de cuerdas que representa las partículas subatómicas no como puntos de dimensión cero, sino como líneas o cadenas, con muchas dimensiones «compactas». Una vez captada por las matemáticas, la oscilación de una cadena define las propiedades de una partícula, como la rotación o la carga. La supersimetría indica que existe una conexión entre los bosones, las partículas que median entre una fuerza (como el fotón, que transporta el electromagnetismo) y los fermiones: electrones, quarks y otras partículas que le dan a la materia su masa. La posibilidad de simetría entre los bosones sin masa y los fermiones con masa podría explorarse si se encuentra definitivamente el tan anunciado bosón de Higgs en los próximos años.

Probablemente los ovnis tengan una explicación más próxima a la Tierra que al espacio exterior.

¿Cómo acabará el universo?

El universo tuvo un comienzo, por lo que es probable que también tenga un final. Se creía que si el universo dejaba de expandirse, se contraería y terminaría en un Big Crunch, un Big Bang a la inversa. Si la expansión superase a la gravedad, el universo se separaría poco a poco, perdiendo energía y volviéndose más frío y menos activo. Al final llegaría la muerte térmica, que de acuerdo con otros futuros posibles se llama el Big Freeze (la «Gran Congelación»). La energía y la masa del universo estarían tan dispersas y difusas que nada volvería a suceder. Sin embargo, parece que el universo se expande cada vez más rápido. Esto se atribuye a la hipotética «energía oscura», una fuerza que aleja a los objetos unos de otros. Su potencia aumenta a medida que el espacio se expande, por lo que cuanto más se separa todo, más fuerte se vuelve la energía oscura, y potencia aún más la expansión. En última instancia, las galaxias se romperán cuando las estrellas se separen. Las estrellas y los planetas serán triturados por la energía oscura. Al final, incluso los átomos se romperán en el Big Rip que extenderá la energía sobre un espacio infinito. ¿Cuanto tiempo nos queda? 22 mil millones de años, más o menos.

Sea como sea el fin, será un fin a lo grande.

¿Qué había antes del Big Bang?

El Big Bang dio comienzo al tiempo y al espacio, así que según esta teoría no había un «antes». Otra posibilidad es que el Big Bang fuera un Big Bounce («Gran Rebote»). Un universo en contracción anterior se extinguiría hasta la nada (un Big Crunch o «Gran Implosión») para luego rebotar y repetir de nuevo el proceso.

Las partículas subatómicas no son partículas (ni ondas), sino cadenas que vibran en 10 dimensiones, según la teoría.

¿Existen los multiversos?

Como seres tridimensionales, percibimos los cambios en la dimensión anterior (la número cuatro) como instantáneas en constante cambio de las tres dimensiones que podemos ver. A esto lo llamamos el paso del tiempo. Imaginemos que si además de la longitud (el paso del tiempo), el tiempo también tiene un ancho, o tal vez mejor hablar de divisiones, bifurcaciones, caminos alternativos. Solo capaces de percibir la cuarta dimensión como el paso del tiempo, somos ajenos a esta quinta dimensión, estos presentes, pasados y futuros alternativos que se ramifican desde nuestra única línea de tiempo. Si cada suceso tiene más de un resultado –dos o más divisiones en la línea de tiempo– no lleva mucho tiempo acabar con una gran cantidad de universos alternativos. Tienen las mismas leyes de la física; pero la masa y la energía dentro de ellos ocupan un estado cuántico diferente. ¿Son solo realidades posibles o existen de veras en nuestro universo? ¿Y puede la información viajar de un universo a otro? Si es así, quizás descubramos la respuesta algún día.

Otra alternativa es que los universos hijos broten de un padre, una vez que el padre se ha expandido al máximo. Según algunas teorías, la baja densidad de energía producida por un Big Rip (o «Gran Desgarro») se asemeja a las condiciones requeridas para un Big Bang.

¿Existen los gravitones?

El conjunto de partículas subatómicas que forman el universo comprende lo que es el Modelo Estándar. Una familia de partículas se llama bosones. Su trabajo es transportar energía entre las partículas, un suceso que medimos como una fuerza que actúa entre las masas, que las empuja o tira de ellas. Para el electromagnetismo, el bosón es el fotón, el gluon media en la fuerza nuclear fuerte, mientras que los bosones llamados W y Z están detrás de la fuerza nuclear débil. Se ha pensado que gravitón sería un buen nombre para el bosón que lleva la gravedad. La gravedad está fuera del Modelo Estándar: suponemos que encaja en algún lugar, pero no sabemos cómo. El universo podría estar inundado de gravitones y, si pudiéramos encontrar uno, podríamos descubrir cómo funciona esta fuerza. Sin embargo, la gravedad es muy débil en comparación con las otras fuerzas, por lo que la detección de los efectos de estos insignificantes bosones ha resultado, hasta ahora, imposible.

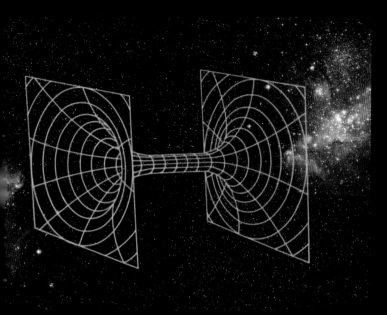

Un agujero de gusano podría ser un agujero negro con una apertura en el otro extremo.

¿Podemos viajar a las estrellas?

La estrella más cercana está a poco más de cuatro años luz de distancia. En la actualidad, nuestros cohetes pueden alcanzar alrededor de 1/4000 de la velocidad de la luz, por lo que sería un viaje largo; llegar hasta allí equivaldría a la duración de la historia humana documentada (deberíamos habernos puesto en marcha antes). Existen prototipos para motores más rápidos y de mayor duración que podrían acelerar una nave espacial a velocidades mucho mayores, pero solo reducen el viaje a siglos en lugar de milenios. Y la estrella más cercana es una insípida enana roja. Llegar a algún sitio interesante llevaría cientos, miles, incluso, millones de veces más. Sin embargo, en teoría sería posible viajar sin moverse. El espacio-tiempo está deformado por la masa. Si de alguna manera pudiéramos remodelar la estructura del universo en un agujero de gusano, con nuestro punto de llegada a un lado y nuestro punto de partida al otro, podríamos llegar a algún sitio. Sin embargo, la gravedad en tal espacio sería tan fuerte que nuestros píes atravesarían el paso antes de que la cabeza pasara el control de pasaportes. Podría suponer un problema…

¿Dónde están todos los neutrinos?

A la par que la fusión solar aprovecha al máximo la energía de los átomos, también se libera una pequeña y tímida partícula llamada neutrino. Nuestro Sol, como toda estrella, despide miles de millones de ellos cada segundo. El universo debe estar lleno de neutrinos. Pero tenemos que llegar muy lejos para encontrar uno. El problema es que los neutrinos hacen muy poco: el término exacto es que «interactúan débilmente». Atraviesan directamente la Tierra. Probablemente nos estén atravesando en este momento. Sin embargo, los físicos pueden detectarlos. Todo lo que tienen que hacer es llenar un pozo de una mina con agua pesada radiactiva y esperar. Cuando llega un neutrino, lo más probable es que la atraviese sin más, pero en raras ocasiones uno golpea una molécula de agua, lo que causa un pequeño destello. Los detectores localizaron unos neutrinos emitidos por una supernova en 1987. La estrella moribunda arrojó 10^{58} de estas partículas. Nuestros científicos recogieron 24. La búsqueda continúa.

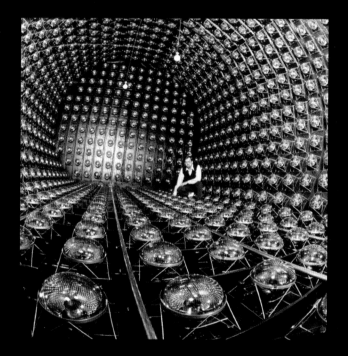

Este detector de neutrinos está revestido con sensores que esperan el destello de una partícula que lo atraviese. Los detectores se colocan bajo tierra para protegerlos de la interferencia de los rayos cósmicos.

El cielo nocturno

Para iniciarse en la astronomía, basta con observar estrellas, algo que se puede hacer en cualquier época del año. Para obtener mejores resultados, hemos de alejarnos de las luces de la ciudad. No es necesario usar un telescopio, pero unos prismáticos van bien para mejorar la vista, y mejor incluso sobre un trípode (os prismáticos tienen dos números; los que tienen el segundo alto son los mejores para la astronomía).

HEMISFERIO NORTE:

Estos mapas se basan en la posición 40° N, 100° O (Nebraska) pero son válidos para toda América del Norte. Muestran el cielo nocturno a las 10 p.m., hora local, al comienzo de cada mes; a las 9 p.m. a mediados; y a las 8 p.m. a finales del mes (se ha tenido en cuenta el horario de verano).

Norte
Enero

HEMISFERIO SUR:

Estos mapas se basan en la posición 36° S, 150° E (Sidney, Australia) pero son válidos para otros lugares más lejanos. Muestran el cielo nocturno a las 10 p.m., hora local, al comienzo de cada mes; a las 9 p.m. a mediados; y a las 8 p.m. a finales de mes (se ha tenido en cuenta el horario de verano).

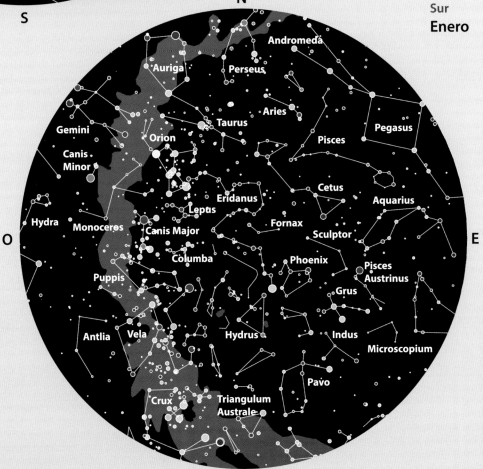

Sur
Enero

Estos mapas los ha diseñado Eran O. Ofek y están disponibles online en la web de TAU AstroClub: http://astroclub.tau.ac.il/ (reservados todos los derechos).

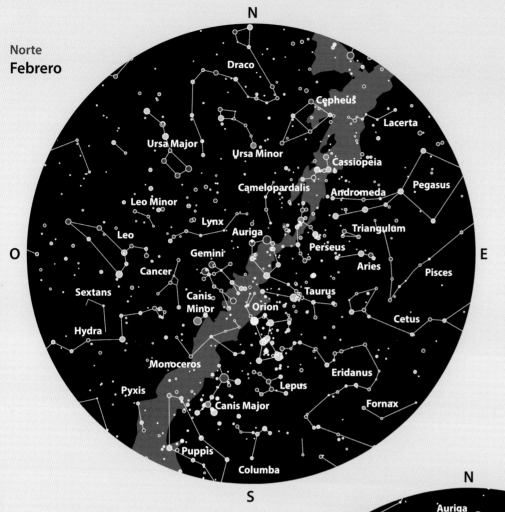

Camelopardalis
La Jirafa

Considerada una parte vacía del cielo por los antiguos griegos (es muy tenue), la Jirafa fue propuesta por el holandés Petrus Plancius en el siglo XVII. Plancius pensó que parecía una jirafa, conocida como el «leopardo camello» en la época romana.

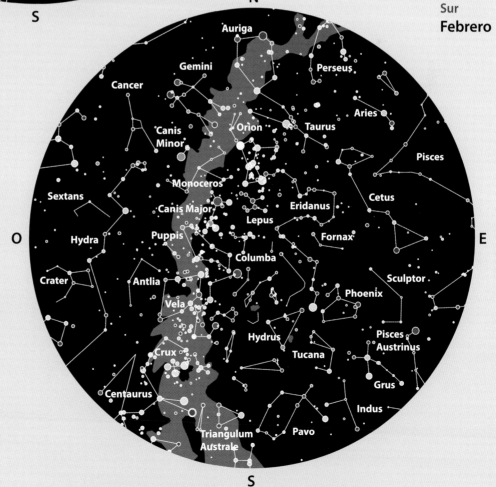

Cetus
La Ballena

Hoy conocida como la Ballena –por el orden de los mamíferos marinos de los cetáceos–, la constelación de Cetus representaba en principio a un monstruo marino enviado por el dios del mar Poseidón a devorar a la bella Andrómeda, algo que intentaría evitar el héroe Perseo.

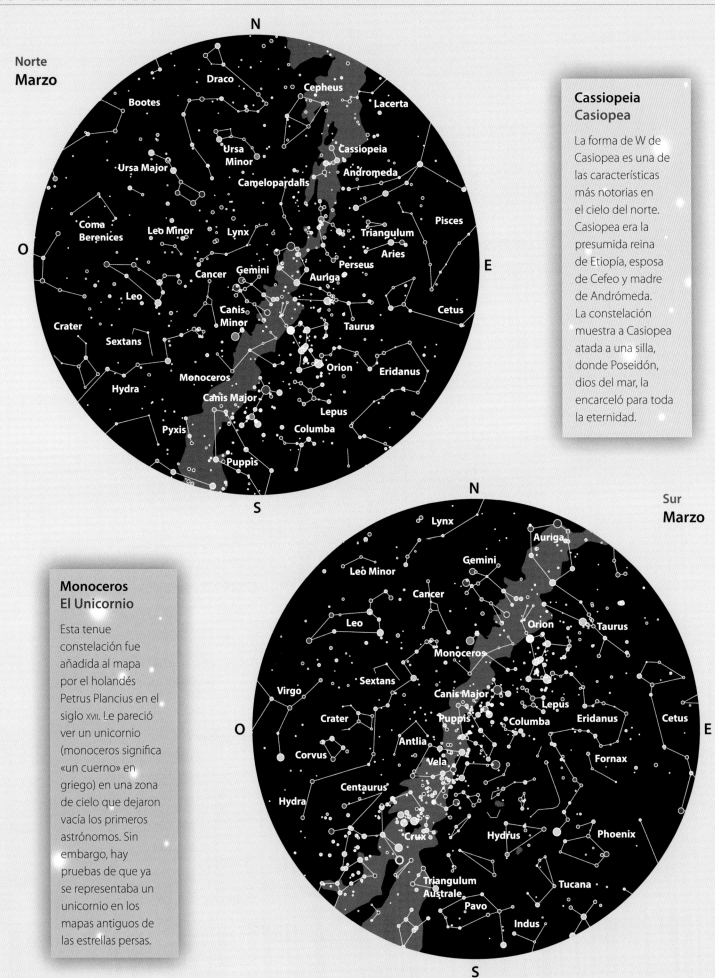

Norte
Marzo

Cassiopeia
Casiopea

La forma de W de Casiopea es una de las características más notorias en el cielo del norte. Casiopea era la presumida reina de Etiopía, esposa de Cefeo y madre de Andrómeda. La constelación muestra a Casiopea atada a una silla, donde Poseidón, dios del mar, la encarceló para toda la eternidad.

Sur
Marzo

Monoceros
El Unicornio

Esta tenue constelación fue añadida al mapa por el holandés Petrus Plancius en el siglo XVII. Le pareció ver un unicornio (monoceros significa «un cuerno» en griego) en una zona de cielo que dejaron vacía los primeros astrónomos. Sin embargo, hay pruebas de que ya se representaba un unicornio en los mapas antiguos de las estrellas persas.

Norte
Abril

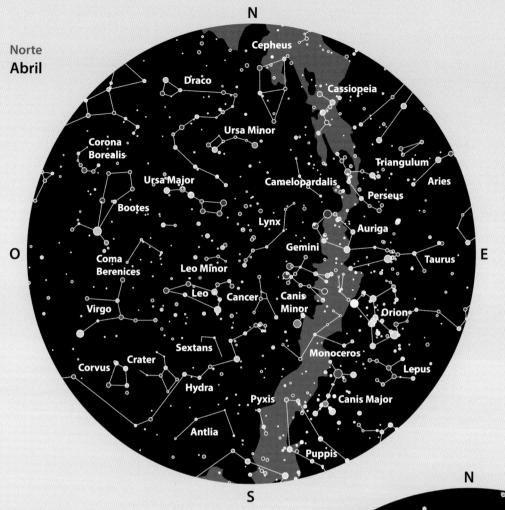

N

Cepheus
Draco
Cassiopeia
Ursa Minor
Triangulum
Corona Borealis
Camelopardalis
Aries
Perseus
Ursa Major
Bootes
Lynx
Auriga
Gemini
Taurus
Coma Berenices
Leo Minor
Cancer
Canis Minor
Leo
Orion
Virgo
Sextans
Monoceros
Corvus
Crater
Lepus
Hydra
Canis Major
Pyxis
Antlia
Puppis

O
E
S

Cepheus
Cefeo

El rey de Etiopía, esposo de Casiopea y padre de Andrómeda. Según la leyenda, Cefeo permitió que Perseo se casara con su hija, a quien salvó de Cetus, tras derrotar a la gorgona Medusa, que había convertido a todos los demás contendientes en piedra.

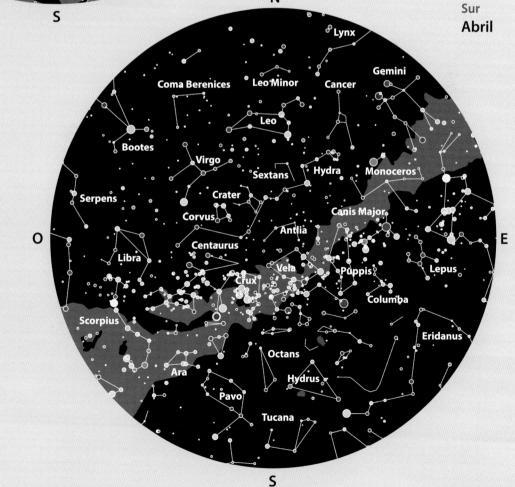

N

Lynx
Gemini
Coma Berenices
Leo Minor
Cancer
Leo
Bootes
Virgo
Hydra
Monoceros
Sextans
Serpens
Crater
Canis Major
Corvus
Antlia
Centaurus
Vela
Libra
Puppis
Lepus
Crux
Scorpius
Columba
Ara
Octans
Eridanus
Hydrus
Pavo
Tucana

O
E
S

Sur
Abril

Coma Berenices
La Cabellera de Berenice

Este grupo de estrellas era antes un asterismo, pero ahora es una constelación oficial. Se refiere a la reina Berenice de Egipto, esposa de un antiguo faraón ptolemaico. La historia dice que se cortó su largo y rubio cabello como sacrificio hacia Afrodita para asegurarse de que su esposo regresara de una guerra en Siria.

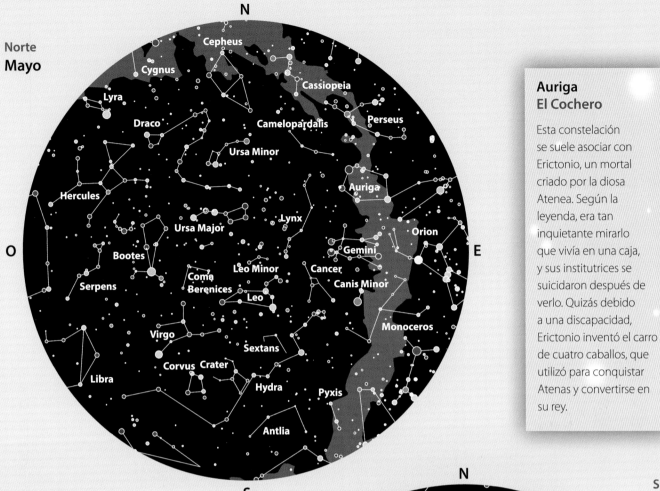

Norte
Mayo

N

Cepheus
Cygnus
Lyra
Cassiopeia
Draco
Perseus
Camelopardalis
Ursa Minor
Auriga
Hercules
Lynx
Orion
Ursa Major
Gemini
Bootes
Leo Minor
Cancer
Coma Berenices
Canis Minor
Serpens
Leo
Virgo
Monoceros
Sextans
Corvus Crater
Libra
Hydra
Pyxis
Antlia

O

E

S

Auriga
El Cochero

Esta constelación se suele asociar con Erictonio, un mortal criado por la diosa Atenea. Según la leyenda, era tan inquietante mirarlo que vivía en una caja, y sus institutrices se suicidaron después de verlo. Quizás debido a una discapacidad, Erictonio inventó el carro de cuatro caballos, que utilizó para conquistar Atenas y convertirse en su rey.

Leo
El León

La constelación más grande es una de las más antiguas, conocida ya hace unos 6 000 años en muchas culturas, todas las cuales la vieron como un león. Cuando los griegos la clasificaron, la llamaron el León de Nemea, que Hércules mató, cuya constelación lo persigue alrededor de la Estrella Polar en las cercanías de la Osa Menor.

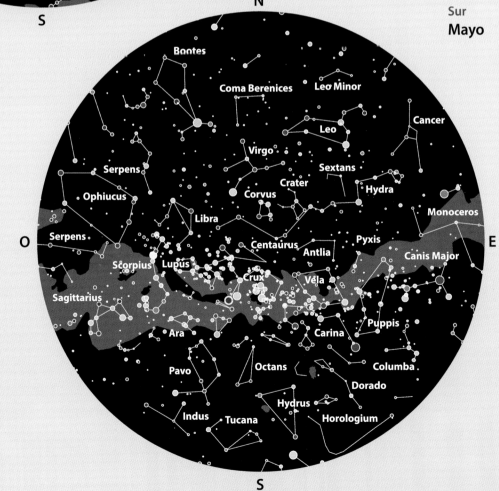

N

Sur
Mayo

Bootes
Coma Berenices
Leo Minor
Cancer
Leo
Virgo
Sextans
Serpens
Crater
Hydra
Ophiucus
Corvus
Monoceros
Libra
Pyxis
Serpens
Centaurus
Antlia
Canis Major
Scorpius
Lupus
Vela
Crux
Sagittarius
Carina
Puppis
Ara
Columba
Pavo
Octans
Dorado
Hydrus
Indus
Tucana
Horologium

O

E

S

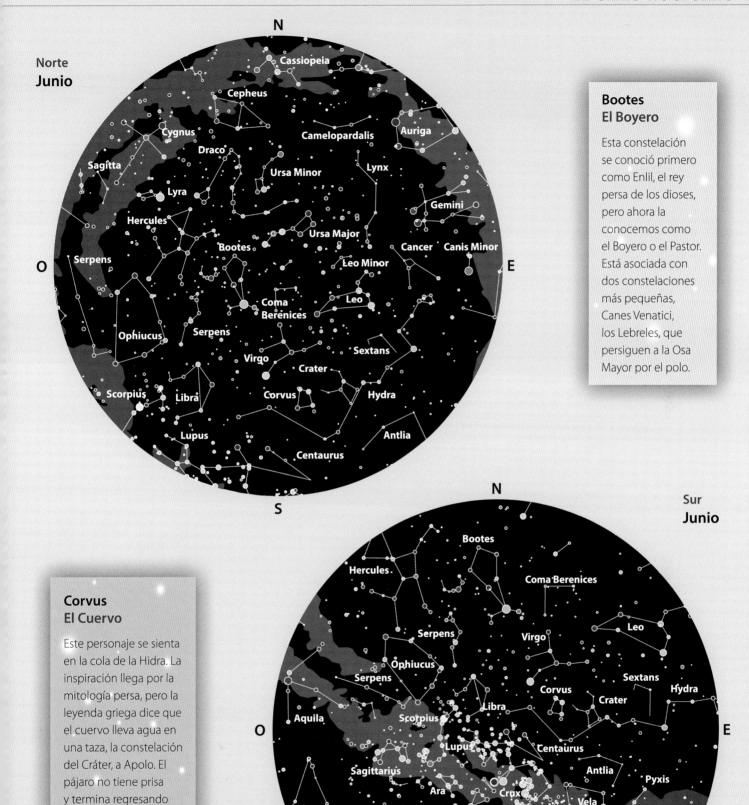

Norte
Junio

N

Cassiopeia

Cepheus

Cygnus

Camelopardalis

Auriga

Draco

Sagitta

Ursa Minor

Lynx

Lyra

Gemini

Hercules

Ursa Major

Bootes

Cancer

Canis Minor

O

Serpens

Leo Minor

E

Leo

Coma
Berenices

Ophiucus

Serpens

Virgo

Sextans

Crater

Scorpius

Libra

Corvus

Hydra

Lupus

Antlia

Centaurus

S

Bootes
El Boyero

Esta constelación
se conoció primero
como Enlil, el rey
persa de los dioses,
pero ahora la
conocemos como
el Boyero o el Pastor.
Está asociada con
dos constelaciones
más pequeñas,
Canes Venatici,
los Lebreles, que
persiguen a la Osa
Mayor por el polo.

Corvus
El Cuervo

Este personaje se sienta
en la cola de la Hidra. La
inspiración llega por la
mitología persa, pero la
leyenda griega dice que
el cuervo lleva agua en
una taza, la constelación
del Cráter, a Apolo. El
pájaro no tiene prisa
y termina regresando
con una serpiente de
agua como excusa por
su tardanza, aunque al
poco el dios lo destierra
al cielo.

Sur
Junio

N

Bootes

Hercules

Coma Berenices

Serpens

Leo

Virgo

Ophiucus

Sextans

Serpens

Corvus

Hydra

Crater

O

Aquila

Libra

E

Scorpius

Centaurus

Lupus

Antlia

Sagittarius

Pyxis

Ara

Crux

Vela

Microscopium

Pavo

Indus

Octans

Carina

Puppis

Tucana

Hydrus

Dorado

Grus

S

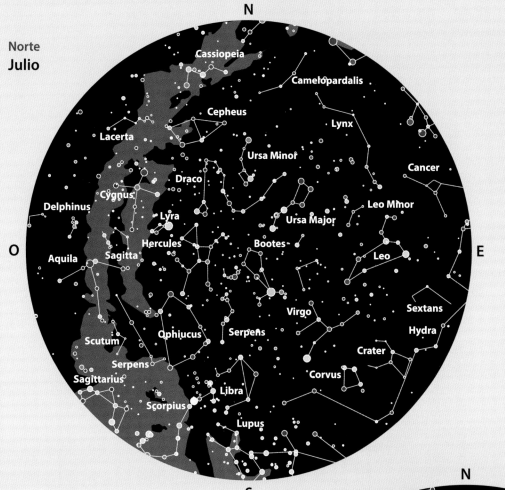

Norte
Julio

N

Cassiopeia
Camelopardalis
Cepheus
Lynx
Lacerta
Ursa Minor
Draco
Cancer
Delphinus
Cygnus
Leo Minor
Lyra
Ursa Major
Aquila
Hercules
Bootes
Sagitta
Leo
O
Ophiucus
Virgo
Sextans
E
Scutum
Serpens
Hydra
Serpens
Crater
Sagittarius
Corvus
Libra
Scorpius
Lupus

S

Ursa Minor
Osa Menor

A menudo pasada por alto por su vecina mayor y más brillante, la Osa Menor ocupa una posición central en el cielo, con un «mango» que termina en la Estrella Polar, también conocida como Polaris. Esta estrella, por casualidad, se asienta más o menos en el Polo Norte celeste y, por lo tanto, es el único punto fijo en el cielo del norte.

Microscopium
El Microscopio

El microscopio fue una de las constelaciones presentadas por el francés Nicolas Louis de Lacaille en su misión de catalogación al Cabo de Buena Esperanza, en el siglo XVIII. Con la tecnología de su época, vio a este grupo de estrellas como un tubo vertical (con lentes) colocado sobre un soporte en forma de caja.

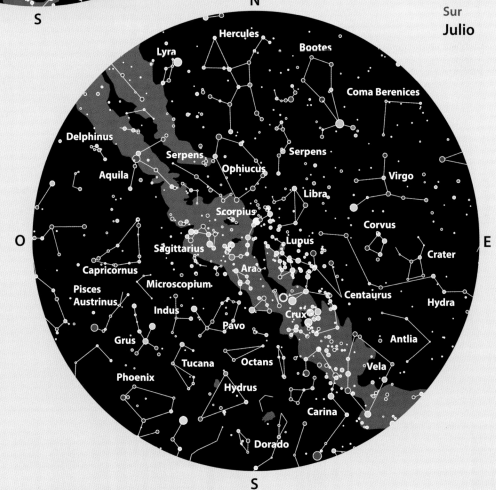

N

Sur
Julio

Hercules
Lyra
Bootes
Coma Berenices
Delphinus
Serpens
Serpens
Aquila
Ophiucus
Virgo
Libra
O
Scorpius
Corvus
Sagittarius
Lupus
E
Capricornus
Ara
Crater
Microscopium
Centaurus
Pisces
Austrinus
Indus
Crux
Hydra
Grus
Pavo
Antlia
Octans
Vela
Tucana
Phoenix
Hydrus
Carina
Dorado

S

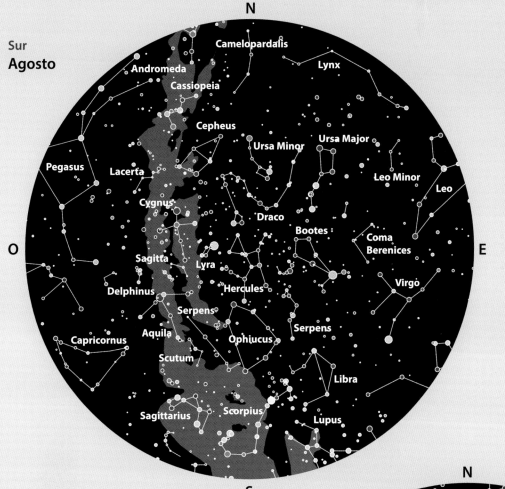

Sur
Agosto

Ophiucus
El Ofiuco

Ofiuco es la palabra griega para el Portador de la Serpiente, y la larga constelación de la Serpiente emerge a ambos lados (enrollada alrededor de su cintura). La figura se asocia con frecuencia con Asclepio, el dios de la medicina, que podemos ver en los logotipos de farmacias o ambulancias. Asclepio era hijo de Apolo, aunque no deseado, y fue criado por Quirón el Centauro, que está cerca en el cielo del sur.

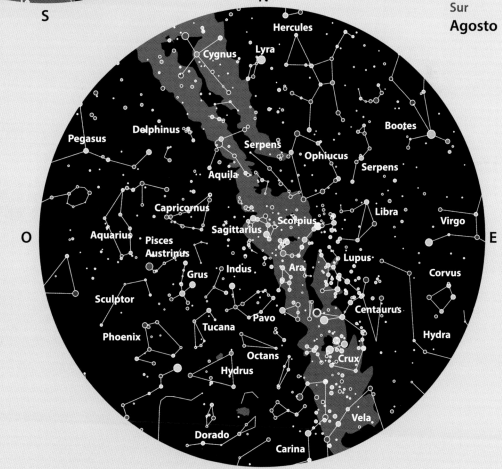

Sur
Agosto

Crux
La Cruz del Sur

Los antiguos astrónomos del hemisferio norte podían ver estas estrellas. Para los griegos eran las patas traseras del cercano Centauro, mientras que los chinos vieron un arsenal militar. Sin embargo, siglos de precesión provocaron que se perdiera de vista, para ser redescubierta en 1501 por el explorador italiano Américo Vespucio. En el siglo XVII, la constelación fue llamada la cruz de Cristo, ahora más conocida como la Cruz del Sur.

Norte
Septiembre

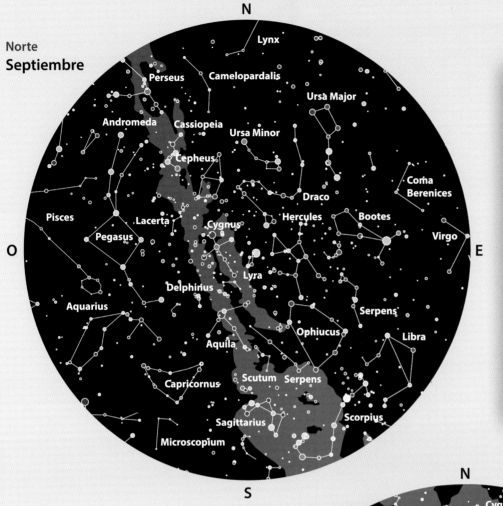

Pegasus
Pegaso

Al principio tan solo un simple caballo, esta constelación se convirtió en Pegaso, el corcel alado. Su padre era Poseidón, el dios del océano, y su madre era Medusa, el horrible demonio con cabeza de serpiente decapitado por Perseo. Pegaso está acompañado por Equuleus, el Caballito, una pequeña constelación entre Pegaso y Delphinius, el Delfín.

Horologium
El Reloj

Una constelación presentada por el francés Nicolas Louis de Lacaille en el siglo XVIII para completar el espacio alrededor del Polo Sur celeste, imposible de ver por los primeros astrónomos. Requiere un poco de imaginación, pero representa un reloj de péndulo. Gran parte de lo que Lacaille vio en los cielos eran objetos de la Ilustración, como un telescopio, un horno de laboratorio o una bomba de aire.

Sur
Septiembre

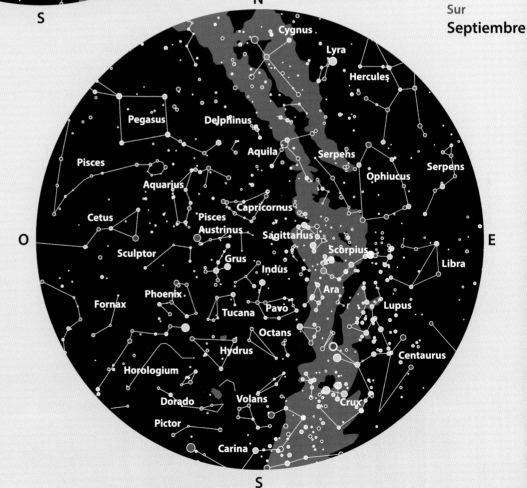

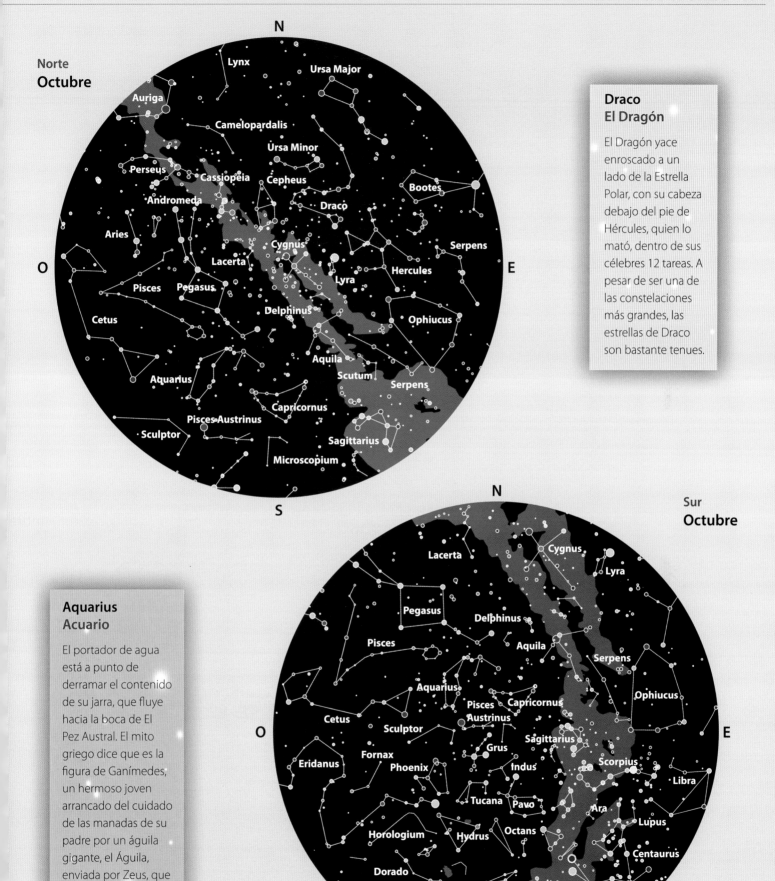

Norte
Octubre

N

Lynx

Ursa Major

Auriga

Camelopardalis

Ursa Minor

Cepheus

Perseus

Cassiopeia

Bootes

Andromeda

Draco

Aries

Cygnus

Serpens

Lacerta

Hercules

Lyra

O · Pisces

Pegasus

E

Delphinus

Ophiucus

Cetus

Aquila

Aquarius

Scutum

Serpens

Pisces Austrinus

Capricornus

Sculptor

Sagittarius

Microscopium

S

Draco
El Dragón

El Dragón yace enroscado a un lado de la Estrella Polar, con su cabeza debajo del pie de Hércules, quien lo mató, dentro de sus célebres 12 tareas. A pesar de ser una de las constelaciones más grandes, las estrellas de Draco son bastante tenues.

N

Sur
Octubre

Lacerta

Cygnus

Lyra

Pegasus

Delphinus

Pisces

Aquila

Serpens

Aquarius

Capricornus

Ophiucus

Pisces Austrinus

Cetus

Sculptor

Sagittarius

O

Grus

Scorpius

E

Fornax

Indus

Libra

Eridanus

Phoenix

Tucana

Pavo

Ara

Lupus

Horologium

Hydrus

Octans

Centaurus

Dorado

Volans

Crux

Pictor

Carina

S

Aquarius
Acuario

El portador de agua está a punto de derramar el contenido de su jarra, que fluye hacia la boca de El Pez Austral. El mito griego dice que es la figura de Ganímedes, un hermoso joven arrancado del cuidado de las manadas de su padre por un águila gigante, el Águila, enviada por Zeus, que puso al niño a trabajar en el Olimpo llevando agua y vino.

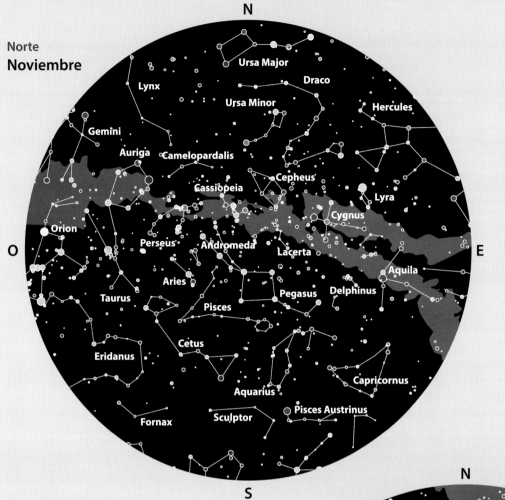

Capricornus
Capricornio

Aunque a veces se le llama la Cabra, Capricornio solo tiene la cabeza y las patas delanteras de una cabra. La mitad posterior es un pez, lo que sería un pez cabra sumerio. Los griegos se centraron en los cuernos y los pies y asociaron la constelación con Pan, el dios de las praderas, mitad hombre, mitad cabra. Está representado con una cola de pez en las estrellas porque se escondió del monstruoso Tifón en un río.

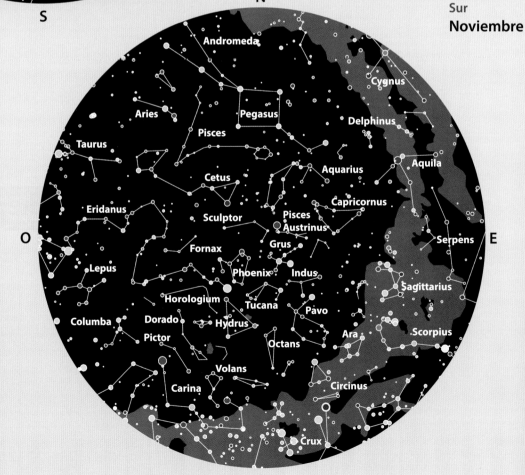

Columba
La Paloma

Diseñada por Petrus Plancius en el siglo XVI a partir de unas estrellas que no terminaban de casar en El Can Mayor, la Paloma está asociada con el pájaro enviado por Noé a encontrar tierra tras el Diluvio o, de acuerdo con el mito griego, podría ser el pájaro enviado por Jason y los Argonautas entre las Simplégades para salvar su nave de la destrucción.

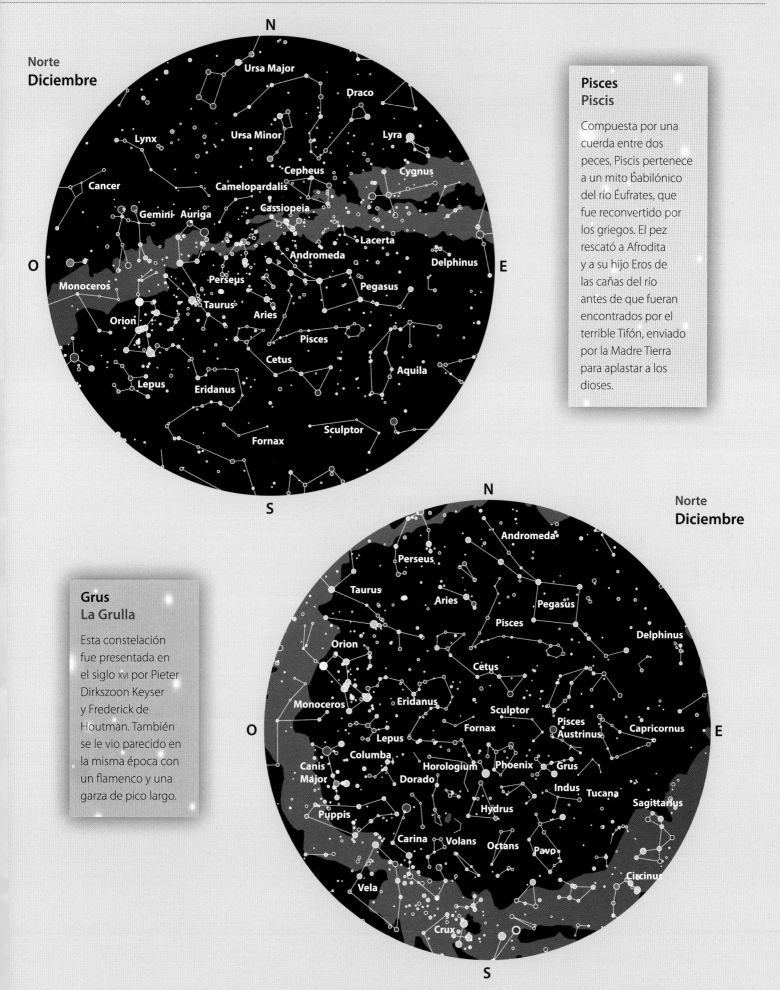

Norte
Diciembre

N
Ursa Major
Draco
Lynx
Ursa Minor
Lyra
Cepheus
Cygnus
Camelopardalis
Cancer
Cassiopeia
Gemini Auriga
Lacerta
Andromeda
Delphinus
Monoceros
Perseus
Pegasus
Orion
Taurus
Aries
Pisces
Lepus
Cetus
Aquila
Eridanus
Fornax
Sculptor
O
E
S

Pisces
Piscis

Compuesta por una cuerda entre dos peces, Piscis pertenece a un mito babilónico del río Éufrates, que fue reconvertido por los griegos. El pez rescató a Afrodita y a su hijo Eros de las cañas del río antes de que fueran encontrados por el terrible Tifón, enviado por la Madre Tierra para aplastar a los dioses.

Grus
La Grulla

Esta constelación fue presentada en el siglo XVI por Pieter Dirkszoon Keyser y Frederick de Houtman. También se le vio parecido en la misma época con un flamenco y una garza de pico largo.

Norte
Diciembre

N
Andromeda
Perseus
Taurus
Aries
Pegasus
Pisces
Delphinus
Orion
Cetus
Monoceros
Eridanus
Sculptor
Fornax
Pisces Austrinus
Capricornus
Lepus
Columba
Horologium
Phoenix
Grus
Canis Major
Dorado
Indus
Tucana
Sagittarius
Puppis
Hydrus
Carina
Volans
Octans
Pavo
Circinus
Vela
Crux
O
E
S

CRONOLOGÍA Y GRANDES ASTRÓNOMOS

ASTRONOMÍA

c 3000 A. C.
Los **sumerios** documentan las estrellas más brillantes y forman el primer zodiaco de constelaciones.

2550–2490 A. C.
Se construyen las **Pirámides de Guiza** en Egipto, quizás para indicar las posiciones de las estrellas.

2296 A. C.
Primera **observación documentada** de un cometa, por parte de astrónomos chinos.

Pirámides de Guiza

2137 A. C.
Unos **registros chinos** documentan un eclipse solar.

c 2000 A. C.
Se crean calendarios **lunares** y **solares** en Egipto y Mesopotamia.

Los **Babilonios** emplean el sistema sexagesimal, que aún se utiliza para la medida del tiempo y de los ángulos.

CIENCIA E INVENTOS

c 3200 A. C.
Aparecen los primeros **sistemas de escritura,** como los jeroglíficos egipcios y la escritura cuneiforme sumeria. En los jeroglíficos hay números.

La **rueda** se inventa en Sumeria.

c 2500 A. C.
Se desarrolla la **ciencia de la momificación** en Egipto.

2500 A. C.
Se inventa el **ábaco.**

c 2300 A. C.
Se construye el **astillero más antiguo conocido** en Lothal, en el Valle del Indo.

Rueda sumeria

2066 A. C.
Se desarrollan **nuevas técnicas de recubrimiento** en Egipto, que

Palacio de Cnossos

HISTORIA

3100 A. C.
Los **reinos del Alto y Bajo Egipto** se unen bajo el mando del Rey Menes.

3000 A. C.
El **Neolítico/cultura del vaso campaniforme** comienza a florecer en Europa.

Vaso de la Edad de Bronce

Se caracteriza por sus vasos de arcilla con forma de campana invertida.

2600 A. C.
La **climatización del Valle del Indo,** en el noroeste de India y Pakistán está en auge, con ciudades grandes que cuentan con sistemas de drenaje.

2500 A. C.
La **climatización sumeria** de Oriente Medio llega a su punto álgido.

c 2000 A. C.
Poblaciones que hablan lenguas indoeuropeas se mueven por Asia y Europa.

CULTURA

3761 A. C.
El **calendario judío** comienza con su fecha de creación del mundo.

3100 A. C.
Según la tradición, **Krishna** está vivo y ocurren los sucesos del *Mahabharata* hindú.

Krishna

3000 A. C.
La **religión del Antiguo Egipto** se consolida. Se piensa que el Sol viaja por el inframundo mientras es de noche.

HACIA 2184 A. C.
Se comienzan a utilizar los **12 símbolos animales del zodiaco chino** y la creencia mítica de los cinco elementos.

2040 A. C.
Fecha de nacimiento atribuida al **Príncipe Rama,** héroe del *Ramayana* hindú.

Príncipe Rama

ARISTÓTELES

Estagira, Grecia. 384 a. C.-322 a. C. *Padre de la ciencia occidental.*

Hijo del médico del rey, Aristóteles nació en la aristocracia macedonia. Como corresponde a su estatus, terminó su educación en Atenas, como alumno de Platón. El legado de Aristóteles reemplazó al de su maestro y al de cualquier otro filósofo griego. Es fácil considerarlo como un obstáculo para la iluminación científica, ya que se equivocó mucho. Sin embargo, Aristóteles nos dejó obras de poesía, lógica, metafísica, lenguaje y biología que dieron a los intelectuales de lugares tan lejanos como Turkmenistán o Irlanda una pauta para pensar durante buena parte de los dos siguientes milenios.

ARISTARCO

¿? c 310 a. C -c 230 a. C. *Estudió distancia hasta el Sol y la Luna.*

Aristarco de Samos fue la primera persona a la que Copérnico agradeció en su exposición del Sistema Solar heliocéntrico que desplaza a la Tierra del centro del universo. Copérnico se inspiró en el trabajo del griego sobre las distancias hasta la Luna y el Sol. Si no es así, ignoramos a lo que se refería el polaco, porque esta es una de las pocas pruebas de la existencia de Aristarco. Fue ignorado en gran parte por muchos de sus contemporáneos. Arquímedes, 30 años menor que él, fue uno de los pocos en mencionar su trabajo astronómico. Sin embargo, se cree que Aristarco fue alumno de Estratón de Lámpsaco, mientras vivía en Alejandría. Estratón fue tutor de los príncipes reales allí, antes de hacerse cargo del Liceo de Aristóteles en Atenas.

ERATÓSTENES

Cirene, Libia. 276 a. C.-194 a. C. *Cálculo del tamaño terrestre.*

Como bibliotecario jefe de la Gran Biblioteca de Alejandría, Eratóstenes tenía a su alcance la mayor información que el mundo había visto jamás, y la utilizó durante su famosa medición del globo. Esta hazaña, entre otras, le valió a Eratóstenes el título de fundador de la geografía, un término que él mismo acuñó. El científico también apostaba por la igualdad, y criticó los postulados de Aristóteles de que la sangre griega debe mantenerse pura evitando el matrimonio con los pueblos «bárbaros». De origen norteafricano, Eratóstenes probablemente no habría pasado la prueba de pureza de Aristóteles.

HACIA 2000 A. C.
Se construye **Stonehenge**, en Inglaterra, para marcar los solsticios.

Stonehenge

Carro solar de Trundholm

1600–1400 A. C.
Se crea en Dinamarca el mapa estelar más antiguo de Europa, el **Carro solar de Trundholm**.

1450 A. C.
Relojes solares en el antiguo Egipto.

1400 A. C.
Los **egipcios** utilizan el año de 365 días.

permiten la fabricación de lozas de colores brillantes.

c 2000 A. C.
Se **canaliza el agua** en el palacio minoico de Cnossos, en **Creta**.

Se cultiva **algodón** en Perú.

Se usan **libros de texto** en las escuelas de Egipto para educar a los niños de la realeza.

1200 A. C.
La **Edad de Hierro** comienza con los hititas en Asia.

763 A. C.
Eclipse solar documentado por los babilonios.

Astrónomos babilonios

1000 A. C.
Se utilizan **lápices** para la caligrafía en China.

876 A. C.
Los **matemáticos indios** emplean el concepto de cero como un número.

585 A. C.
Tales de Mileto emplea datos de observaciones astronómicas para predecir un eclipse.

580 A. C.
El filósofo griego **Anaximandro** cree que la Tierra es un cilindro que flota en el espacio.

440 A. C.
Leucipo afirma que el universo está compuesto de átomos indivisibles.

Leucipo

Heródoto

c 600 A. C.
Según **Heródoto**, los fenicios circunnavegan África por primera vez.

El **pueblo inuit** es el primero en asentarse en el Ártico.

Mascarilla de bronce de la dinastía Shang

c 1766 A. C.
Empieza en China la **dinastía Shang**, que promueve obras avanzadas en escritura y bronce.

c 2000–1500 A. C.
Los **minoicos** de Creta adoran a sus diosas.

c 2000 A. C.
Se escribe la **leyenda sumeria** *Epopeya de Gilgamesh*.

1850 A. C.
Los **egipcios ricos** se entierran con estatuillas «ushabti», que representan a los sirvientes que trabajarán para los muertos en el más allá.

Akenatón

c 1600 A. C.
Se utilizan **huesos oráculo adivinatorios** en la dinastía Shang de China.

c 1350 A. C.
En Egipto, el **faraón Akenatón** impone la adoración a un solo dios, Atón, en lugar del anterior panteón.

c 1200 A. C.
Se funda el **Oráculo de Delfos**, en Grecia. Los dioses griegos, liderados por Zeus, viven en el Olimpo.

Se funda el **Zoroastriaismo**.

814 A. C.
En el norte de África, los fenicios fundan **Cartago**.

597 A. C.
Nabucodonosor II de Babilonia conquista Judá y deporta a los judíos a Babilonia.

521–486 A. C.
Darío el Grande gobierna el vasto Imperio Persa.

Cabeza de la cultura nok

961–24 A. C.
Reino de Salomón en Israel. Se construye el primer templo en Jerusalén.

c 770 A. C.
Cien escuelas del pensamiento en China, en la Edad Dorada de la filosofía.

c 604–531 A. C.
Vida de **Lao-Tse**, quien promueve el taoísmo en China.

509 A. C.
El **reino de Roma** se convierte en una república.

c 500 A. C.
Prospera la **cultura Nok** en Nigeria.

c 478 A. C.
Atenas emerge como una de las principales ciudades-estado griegas.

c 563–483 A. C.
Vida del creador del budismo, el príncipe indio **Gautama Siddhartha**.

c 551–479 A. C.
Vida de **Confucio**, cuya filosofía será la base para los gobernantes y la vida social en China, Japón, Corea y Vietnam durante siglos.

Gautama Siddhartha

HIPARCO

Nicea, Turquía. ¿?-127 a. C. *Avances en trigonometría.*

Hiparco desarrolló lo que se convertiría en la disciplina de la trigonometría, con el fin de explicar el movimiento que observó en los cuerpos celestes. Hiparco pasó gran parte de su vida en la isla egea de Rodas (frente a la costa turca, pero parte de Grecia). Tenía la intuición de que los planetas se movían alrededor del Sol, y fue el primero en calcular su movimiento. Sin embargo, los resultados indicaron que los planetas no se movían en círculos perfectos, lo que hizo que Hiparco desechase la idea por incorrecta. El universo era perfecto y, por lo tanto, así debía ser su movimiento.

PTOLOMEO

Egipto. c 100-c 170. *Catálogo de estrellas del Almagesto.*

Claudio Ptolomeo era un ciudadano romano que escribía en griego, el idioma de los intelectuales en la era romana (lo que no deja de ser irónico ya que el latín fue el idioma elegido por los estudiosos siglos después). A pesar de su nombre, no era un gobernante de Egipto, pero la confusión es fácil ya que muchos faraones alejandrinos tenían ese nombre, y a menudo se le llama Ptolomeo el Sabio. Aunque pasó muchos años en Alejandría, se dice que nació en el Alto Egipto, lo que significa que provenía del sur del país: el Bajo y el Alto Egipto están al revés de lo que se espera en un mapa.

NICOLÁS COPÉRNICO

Torun, Polonia. 1473-1543. *Promotor del modelo heliocéntrico.*

Copérnico nació en una familia de comerciantes, pero después de la muerte de su padre, la familia quedó bajo el cuidado de su tío, el hermano de su madre, un poderoso obispo. Además de ser médico y abogado, Copérnico hablaba con fluidez cuatro idiomas y siguió los pasos de su hermano mayor y de su hermana en el clero, a través de un puesto asegurado por el tío Lukas. El tío Lukas también presentó a su sobrino a muchos intelectuales de la época; curiosamente, Copérnico no comenzó a discutir abiertamente el heliocentrismo hasta el fallecimiento de su tío.

400 A. C.
Eudoxo estudia la esfera celeste.

350 A. C.
Platón y **Aristóteles** sitúan la Tierra en el centro del universo.

Aristóteles afirma que la Tierra y otros cuerpos celestes son redondos.

270 A. C.
Aristarco se opone al modelo geocéntrico de Platón y propone una teoría heliocéntrica con el Sol en el centro del Sistema Solar, pero su punto de vista es rechazado en gran medida.

500–200 A. C.
Los **grandes filósofos griegos**, como **Platón**, **Euclides**, **Aristóteles** o **Arquímedes** realizan sus avances en ciencias y matemáticas.

Platón

336 A. C.
Alejandro Magno de Macedonia empieza sus campañas bélicas.

218–201 A. C.
Durante la **Segunda Guerra Púnica** entre Roma y Cartago, **Aníbal** lidera un ejército con elefantes que cruza los Alpes.

Aníbal cruza los Alpes

c 400 A. C.
La **cultura maya** en Centroamérica tiene un calendario ritual avanzado.

c 350 A. C.
Los **rituales solares** y las **figuras de jaguar** son parte de la cultura olmeca en México.

298 A. C.
El emperador **Chandragupta Maurya**, unificador de la India, abandona su trono para convertirse en un asceta jainista.

240 A. C.
El **cometa Halley** se documenta en China por primera vez.

HACIA 194 A. C.
Eratóstenes calcula el tamaño de la Tierra mediante el ángulo del Sol.

150 A. C.
Hiparco inventa el **astrolabio**.

HACIA 120 A. C.
Hiparco divide el cielo nocturno en longitud y latitud; también demuestra que la Tierra se

Hiparco

c 100 A. C.
Se cultiva la **planta del cacao** en Sudamérica.

90–20 A. C.
Vida del **ingeniero romano Vitruvio**, que escribe una obra de 10 volúmenes sobre arquitectura.

Sobre la arquitectura, de Vitruvio

c 112 A. C.
Viajes y **comercio** entre Europa occidental y China: empieza la **Ruta de la Seda**.

268–231 A. C.
El **emperador Ashoka del Imperio Mauryan** se convierte al budismo.

c 200 A. C.
Se talla la **Piedra Rosseta** en Egipto.

Se trazan unas **enormes figuras** en la **llanura de Nazca**, en Perú.

Figuras de Nazca

tambalea sobre su eje a medida que gira, algo conocido como «precesión».

65 A. C.
Se construye el **mecanismo de Anticitera**, un artilugio para predecir el movimiento de los cuerpos celestes.

46 A. C.
Julio César reforma el calendario romano, y crea el calendario juliano, sobre el que se basa el actual.

c 90 A. C.
Se cree que **Marco Tulio Tiro** inventa el sistema de taquigrafía que luego utilizan los monjes.

48 A. C.
Se quema la **gran biblioteca de Alejandría**, en Egipto.

c 73–71 A. C.
El gladiador **Espartaco** lidera una revuelta de los esclavos contra Roma.

27 A. C.
La **república romana** se convierte en un imperio con **César Augusto**.

c 50 A. C.
Se escriben **manuscritos sobre magia** en las esferas greco-egipcias y grecorromanas, y se desarrollan los cultos al misterio.

c 30
Crucificación de **Jesucristo**.

570–632
Vida de **Mahoma**, fundador de la religión islamista.

990
Al-Biruni calcula la circunferencia d[e] la Tierra gracias a unas mediciones tomadas desde la cima de una montaña en la India.

1054
Astrónomos chinos observan la supernova que crea la Nebulosa de[l] Cangrejo.

1543
Copernico publica los detalles de su **universo heliocéntrico** en el que

595
Se establece el **sistema numérico hindú-árabe**, la base del que hoy s[e] utiliza a escala mundial.

1088
Shen Kuo escribe el *Conjunto de relatos*, que comprende el conocimiento chino, como la brújula y la imprenta de tipos móviles.

700–1200
Edad Dorada árabe, cuyo centro se sitúa en Bagdad y Córdoba (Esp[a]

1066
Conquista normanda de Inglaterra.

Batalla de Hastings

SIGLO XII
Se construye el complejo de templos de **Angkor Wat**, en Camboya.

1452–1519
Vida del artista, científico y polímata **Leonardo da Vinci**.

Hombre de[Vitruvio] de Da Vinci

WILLIAM GILBERT

Reino Unido. 1544-1603. *Descubridor del campo magnético.*

Antes de Newton, pero después de Copérnico, el trabajo de Gilbert sobre el magnetismo terrestre se enfocó como un posible origen del impulso invisible que empujaba los cielos. Sin embargo, Gilbert tenía otras preocupaciones. Médico de formación, fue nombrado médico real de Isabel I hasta su muerte en 1603, con lo que fue puesto a cargo de la salud de su sucesor, Jacobo, quien fue el primer rey de Inglaterra y Escocia. La historia de Gran Bretaña podría haber tomado un camino muy distinto. El propio Gilbert murió unos meses después de peste, que no mató al nuevo monarca unificador.

TYCHO BRAHE

Dinamarca. 1546-1601. *El último gran astrónomo antes del telescopio.*

Tycho, como se le suele conocer, disfrutaba de una increíble herencia; se estimaba que su fortuna era el 1 % de toda la riqueza de Dinamarca. Mientras estaba en la universidad, su nariz resultó herida en un duelo sobre la validez de una fórmula matemática. Llevó un implante dorado en el agujero por el resto de sus días. Tycho afirmaba tener un alce como mascota. Cuando se le pidió que presentara al animal, Tycho dijo que había muerto después de caer por las escaleras borracho. Tycho murió de una dolencia de riñón que, según los informes, empeoró cuando las normas de cortesía le impidieron ir al baño durante un banquete real en Praga.

GALILEO

Italia. 1564-1642. *Primeras observaciones con telescopio.*

Científico destacado en astronomía y física, fue uno de los primeros en aplicar las matemáticas a sus investigaciones. Hijo de un músico y matemático, Galileo eligió una carrera en ciencias, pero siempre buscaba una oportunidad de negocio: su familia a menudo tenía problemas de dinero.

El telescopio fue uno de sus intentos de hacer dinero fácil. Sin embargo, la imagen del universo que vio a través de su telescopio lo puso en conflicto con la Iglesia, y para evitar la cárcel y asegurar sus ingresos, Galileo se vio obligado a retractarse de su teoría de que la Tierra giraba en torno al Sol.

la Tierra y otros planetas orbitan alrededor del Sol.

1570
Tycho Brahe realiza el mayor estudio del cielo hasta entonces.

1582
Entra en vigor el **calendario gregoriano**, llamado así por el papa Gregorio XIII, para corregir el desfase del calendario juliano.

Esfera celeste de Tycho Brahe

1600
William Gilbert descubre que la Tierra tiene su propio campo magnético.

1608
Hans Lippershey inventa el telescopio óptico gracias a unas lentes de cristal.

1609
Las **Leyes del movimiento planetario de Kepler** afirman que los cuerpos celestes se mueven en elipses y no en círculos.

1610
Galileo publica sus observaciones del Sol, la Luna y

Galileo

los planetas en *El mensajero sideral*.

1639
Jeremiah Horrocks observa el tránsito de Venus tras haber predicho su paso gracias a las leyes de Kepler.

1440
Johannes Gutenberg inventa la imprenta en Europa.

1543
Nicolás Copérnico revoluciona la ciencia con su modelo heliocéntrico.

Nicolás Copérnico

1583
Una **lámpara oscilante** en la catedral de Pisa inspira a Galileo a formular la ley del péndulo que describe cómo se relacionan la longitud y la oscilación de un péndulo.

1591
François Viète simplifica el álgebra al presentar las *x* e *y* utilizadas hoy.

1600
Caspar Lehman desarrolla el proceso de corte de vidrio.

1611
Marco de Dominis proporciona una explicación científica al arcoíris.

1616
Willebrord Snellius descubre la ley de la refracción.

c 1620
Cornelius Drebble diseña y prueba una nave sumergible.

1622
Se inventa la **regla de cálculo**, antepasado de la calculadora.

PRINCIPIOS SIGLO XV
Comienza la **época europea de la exploración**, que lleva a la colonización de territorios en Asia, América y África.

1453
Los **turcos otomanos** conquistan Constantinopla. El Imperio bizantino cae poco después.

1526
Babur, descendiente de Ghenghis Khan, funda el imperio mogol en India.

1536
Los imperios **inca** y **azteca** caen ante el español.

La Armada Invencible

1588
La **Armada Invencible** cae derrotada por Inglaterra.

1606
John Smith funda la **primera colonia de Inglaterra** en Norteamérica en Jamestown, y según la leyenda, fue salvado por Pocahontas.

1619
Se llevan los primeros **esclavos africanos** a las colonias europeas de Norteamérica.

Venta de esclavos

1469–1539
Vida de **Guru Nanak,** fundador de la religión sij.

SIGLO XV
La ciudad de **Tombuctú,** en Mali, es un gran centro del islamismo.

1517
Martín Lutero publica sus *95 tesis,* en las que protesta contra la corrupción de la iglesia romana católica, y da inicio a la Reforma Protestante.

1547
El astrólogo francés **Nostradamus** realiza sus primeras predicciones.

1578
Se da por primera vez el título de **Dalai Lama** (líder espiritual) al líder budista tibetano.

SIGLO XVI
Los **misioneros cristianos** viajan por América y Asia.

1611
La **Biblia del rey Jacobo** o Biblia Autorizada se imprime en Inglaterra.

1618–48
La **Guerra de los Treinta Años,** en Europa central, es un largo conflicto religioso entre católicos y protestantes.

1620
En busca de libertad religiosa, los **Padres Peregrinos** navegan hasta América.

1635
Se abre en Japón una **Oficina de supervisión de templos y santuarios.**

1638
Se prohíbe el **cristianismo** en Japón.

HACIA 1640
George Fox funda la **Sociedad de los Amigos,** o los **cuáqueros.**

JOHANNES KEPLER

Alemania. 1571-1630. *Descubridor de las órbitas elípticas.*

Kepler era hijo de un mercenario, que se fue a la guerra cuando Johannes tenía cinco años, y nunca regresó. El niño vivía en la posada de su abuelo, y ayudaba a atender a los clientes. Ganó un lugar en la universidad protestante de Tubinga y tenía la intención de convertirse en ministro luterano. Las guerras religiosas obligaron a Johannes a salir de Alemania en dirección a Praga, donde su carrera despegó como asistente del enfermo Tycho. Kepler siguió siendo una persona devota, pero su revelación de que las órbitas no eran círculos perfectos lo llevó a ser excomulgado por el Papa.

CHRISTIAAN HUYGENS

Holanda. 1629-1695. *Descubridor de los anillos de Saturno.*

Huygens, uno de los grandes polímatas de la Ilustración, es recordado por su trabajo con los péndulos y en óptica, así como por sus descubrimientos astronómicos. Construyó el primer reloj que empleaba un péndulo oscilante para mantener la hora, y fue el principal defensor de la teoría ondulatoria de la luz, en oposición a la teoría corpuscular (de partículas) de Newton (al final, ambos tenían razón). Huygens también fue uno de los primeros científicos en abordar la posibilidad de vida extraterrestre. Supuso que se necesitaría agua e indicó que los puntos que veía en Júpiter eran océanos, aunque congelados.

ISAAC NEWTON

Reino Unido. 1643-1727. *Ley de gravitación universal.*

Más allá de su trabajo sobre óptica y cálculo, las leyes de movimiento y gravedad de Newton sentaron una piedra angular para la física moderna: fueron suficientes para trazar la ruta a la Luna 300 años después. Con una infancia marcada por la pérdida de su padre y el rechazo de su madre, Newton era reservado, egoísta y vengativo. Se dice que la célebre historia de la manzana ocurrió mientras estaba en la casa de la familia en Lincolnshire, alejado de la plaga que se extendía por las ciudades. Newton guardaba sus descubrimientos con tanto celo que a menudo pasaban décadas antes de su publicación.

1655
Christiaan Huygens afirma que la extraña forma de Saturno se debe a los anillos del planeta.

1668
Isaac Newton presenta su diseño de telescopio reflector a la Royal Society de Londres.

Telescopio reflector de Newton

1675
Se funda el Royal Observatory en Greenwich, cerca de Londres, y se convierte en la posición del meridiano principal desde el cual se mide el tiempo del mundo.

1676
Ole Rømer mide la velocidad de la luz observando las lunas de Júpiter.

1687
Isaac Newton presenta su ley universal de gravitación.

1705
Edmund Halley calcula el período orbital del cometa que ahora toma su nombre, que llegará cuando él predice.

1739
La Misión Geodésica Francesa realiza mediciones en Ecuador y Laponia para medir la forma de la Tierra; encuentra que el planeta es más plano en los polos.

1750
Nicolas de Lacaille realiza un estudio detallado del cielo del hemisferio sur.

1757
Se inventa el sextante, la última herramienta de navegación para calcular la latitud.

1773
Los cronómetros de John Harrison son aceptados como la mejor manera de calcular la longitud.

Cronómetro de John Harrison

1650–1700
Comienza la Ilustración europea, un período de crecimiento intelectual.

1660
La Royal Society se funda en Londres.

1662
Robert Boyle enuncia la ley de Boyle, que dice que el volumen ocupado por un gas es inversamente proporcional a la presión del gas.

1674
Con sus propias lentes hechas a mano, Antony van Leeuwenhoek descubre accidentalmente microorganismos, y sienta las bases de la microbiología y la bacteriología.

1701
Jethro Tull inventa la sembradora de tracción

Carlos Linneo

animal y comienza la revolución agrícola.

1735
Carlos Linneo describe el primer sistema completo para clasificar organismos vivos, utilizando nombres de géneros y especies.

1750
Joseph Black aísla el gas de dióxido de carbono, lo que demuestra que se libera durante la exhalación.

1752
Benjamin Franklin vuela una cometa en una tormenta eléctrica e inventa un pararrayos.

1750
Comienza la Revolución Industrial en Gran Bretaña.

1655
Los británicos arrebatan Jamaica a los españoles.

1665
La Peste Negra devasta Gran Bretaña.

1666
El Gran incendio de Londres destruye la mayor parte de la

Peste Negra

ciudad vieja, pero la limpia de la peste.

1669
La hambruna en Bengala, India, mata a unos tres millones de personas.

1683
El Imperio Otomano prospera, y gobierna la mayor parte de Oriente Medio.

1727
El café llega a Brasil desde África.

El rey Agaja de Dahomey, en África, crea un cuerpo de mujeres guerreras.

1730
El Imperio maratha comienza a dominar la India.

1775–83
Guerra de Independencia de los Estados Unidos.

Batalla de Concord, Guerra de Independencia

c 1650
El arzobispo James Ussher calcula que la creación comenzó en 4004 a. C.

1692
Juicios de brujas en Salem, Massachusetts, EE. UU.

SIGLO XVII
Isaac Newton es uno de los muchos científicos que exploran la alquimia.

FINALES DEL SIGLO XVII
Los avances científicos reducen la creencia en la astrología en Europa.

1700–60
Vida del Baal Shem Tov, fundador del judaísmo jasídico.

1703–92
Vida de Muhammad ibn Abd al-Wahhab, fundador del

Pedro el Grande

movimiento wahabita en el Islam, hoy la religión de Arabia Saudí.

1708
El décimo y último gurú sij, Guru Gobind Singh, es asesinado.

1721
Pedro el Grande impone el control estatal sobre la Iglesia Ortodoxa Rusa.

1750-1820
Se desarrollan los estilos de música clásica europea.

1751–65
Denis Diderot publica su influyente Enciclopedia en Francia.

1760
Se destruye el Templo Shaolin en China.

1768
Se funda en Londres la Royal Academy.

OLE RØMER,
Dinamarca. 1644-1710. *Primera medida de la velocidad de la luz.*

El nombre de pila de Rømer era Pederson, pero su familia lo cambió por el nombre de su isla natal (Rømø). Mientras estudiaba en Copenhague, el joven Rømer vivió con Rasmus Bartholin, un distinguido científico de la época que editaba los documentos de Tycho Brahe, el gran astrónomo danés, antes de su publicación. Después de un período de tiempo en Francia dando clases particulares a la familia real y trabajando en el Observatorio de París, Rømer regresó a su hogar con una curiosa carrera como jefe de policía y matemático en la corte real danesa, así como profesor de astronomía en la Universidad de Copenhague.

JOHN FLAMSTEED
Reino Unido. 1646-1719. *Primer astrónomo real.*

A los 19 años, Flamsteed escribió un artículo sobre el diseño y uso de cuadrantes astronómicos. Una década después, cuando había optado por una vida en el clero –una opción frecuente para el astrónomo aficionado de la época–, a Flamsteed se le ofreció un trabajo como «Observador Astronómico del Rey» (más conocido como «astrónomo real») en el nuevo Observatorio de Greenwich. Flamsteed dedicó su carrera a actualizar el catálogo de estrellas, y triplicó el número de estrellas de Tycho. En 1712, cuando la tabla se acercaba a su finalización, Isaac Newton y Edmond Halley robaron gran parte de ella e imprimieron una edición pirateada.

EDMOND HALLEY
Reino Unido. 1656-1742. *Descubrió la órbita de los cometas.*

Edmond Halley es conocido por predecir el regreso del cometa que lleva su nombre y probar que no solo los planetas giraban alrededor del Sol. No obstante, hizo otras contribuciones a la ciencia. De 1676 a 1678 viajó al Atlántico Sur e hizo los primeros mapas fiables de los cielos del sur. En el viaje también hizo mediciones del campo magnético de la Tierra, y prestó especial atención a su dirección. La tabla que compiló a partir de estos datos tenía la intención de ayudar a los marineros a estimar la longitud. En 1720, se convirtió en el segundo astrónomo real británico.

1779
El **conde de Buffon** mide el tiempo que una bola de hierro tarda en enfriarse y extrapola el resultado para llegar a una cifra de la edad de la Tierra (75 000 años).

1781
William Herschel encuentra un sexto planeta que se llamará Urano.

1764
James Watt inventa su primera máquina de vapor.

1766
Henry Cavendish aísla hidrógeno; después, **Antoine Lavoisier** le da nombre.

1771
Carl Wilhelm Scheele aísla oxígeno, pero en 1777 **Antoine Lavoisier** lo identifica como un elemento distinto.

1784
Charles Messier completa su catálogo de objetos astronómicos que no parecen ser estrellas.

1784
John Goodricke define el término **cefeida** variable, una estrella que se puede usar para calcular distancias interestelares.

Telescopio de Herschel

1789
El francés **Antoine Lavoisier** y otros científicos proponen un sistema para nombrar productos químicos y elaboran una tabla de los 33 elementos conocidos.

1801
Giuseppe Piazzi encuentra Ceres, el primer objeto en el cinturón de asteroides.

1814
Joseph von Fraunhofer observa líneas oscuras en los espectros que provienen de las estrellas, fundando la ciencia de la espectroscopia.

1835
Gaspard-Gustave Coriolis describe la fuerza detrás del efecto Coriolis, en el que la rotación de la Tierra hace que los vientos y las corrientes oceánicas parecen desviarse.

1838
Friedrich Bessel usa el fenómeno del paralaje para medir la distancia a las estrellas; presenta el año luz como una unidad de distancia.

Laboratorio de Lavoisier

1845
William Parsons construye el **Leviatán**, el telescopio más grande del siglo XIX; se utiliza para observar la primera galaxia espiral.

El Leviatán

1846
Se descubre Neptuno siguiendo las predicciones de su órbita, realizadas por el matemático **Urbain Le Verrier**.

1801
El polímata **Carl Friedrich Gauss** publica *Disquisitiones Arithmeticae*.

1844
Morse envía el primer mensaje telegráfico.

1788
La **primera colonia británica** se establece en Botany Bay, Australia.

1789
Revolución Francesa.

1790
Bajo la dinastía **Manchu Qing**, el Imperio chino halla su mayor extensión, con una población dos veces mayor que la de toda Europa.

Batalla de Waterloo

1804
Napoleón Bonaparte se convierte en emperador de Francia y se embarca en una ola de conquistas en Europa hasta ser derrotado en Waterloo en 1815.

Reina Victoria

1811–25
Guerras de revolución latinoamericanas contra el control español.

1837
La **reina Victoria** asciende al trono británico.

1770
Primera interpretación del **Mesías de Handel.**

1771
Se publica la **primera edición** de la *Enciclopedia Británica*.

DÉCADA DE 1780
El **vudú** se desarrolla en las Indias Occidentales y toma un aire estadounidense propio en Nueva Orleans.

DÉCADA DE 1790
El **Segundo Gran Despertar**.

1810
Se abre el primer **templo judío reformista.**

Portada de *Frankenstein*

1818
Mary Shelley publica *Frankenstein*, considerada por muchos como la primera novela de ciencia ficción.

1826
Nace el santo hindú **Ramakrishna.**

Karl Marx

1830
Se funda la **iglesia mormona**.

1836
El **judaísmo moderno ortodoxo** aparece dentro del judaísmo.

1848
Karl Marx y **Friedrich Engels** publican *El Manifiesto Comunista.*

JOHN HARRISON

Reino Unido. 1693-1776. *Relojes de precisión para la navegación.*

John Harrison, carpintero de la zona rural de Yorkshire y convertido en maestro relojero del rey, tuvo que luchar en cada paso del camino a medida que ascendía en la escala social y científica de la Inglaterra del siglo XVIII. El gran objetivo en la vida de Harrison fue ganar el Premio de Longitud, y hacer así una fortuna. Pero aunque se demostró repetidamente que sus cronómetros marinos eran fiables para la navegación, eran rechazados. Sus relojes tenían un «desfase constante», una ganancia o pérdida de tiempo conocida, que tenía que tenerse en cuenta al hacer cálculos para la longitud. Esto hizo que los astrónomos que los administraban el premio no los considerasen aptos.

CONDE DE BUFFON

Francia. 1707-1788. *Estimación de la edad de la Tierra.*

Georges-Louis Leclerc, conde de Buffon, era una especie de polímata. Reflexionaba ya sobre las ideas de especiación y evolución un siglo antes de Darwin, e introdujo el cálculo en la teoría de la probabilidad, todo ello mientras supervisaba el jardín botánico del rey francés. Nació sin título y heredó una fortuna de su padrino sin hijos. Después de que en su inquieta juventud recorriese Europa, Buffon regresó a Francia, reclamó su título y se estableció como un caballero científico en la ciudad de París.

CHARLES MESSIER

Francia. 1730-1817. *Famoso catálogo de objetos no estelares.*

Messier tuvo una buena educación en la Francia rural, a pesar de la pronta pérdida de su padre. Su hermano mayor se hizo cargo de su educación y cuando llegó el momento de valerse por sí mismo, Messier pudo conseguir trabajo con el astrónomo naval jefe de París. Sus tareas consistían en hacer mapas y ayudar en las observaciones. Se unió a la multitud de astrónomos que buscaban el regreso del cometa Halley, como se predijo 76 años antes. Estaba frustrado por todos los avistamientos falsos, lo que le condujo al catálogo de objetos no estelares que lleva su nombre.

1851

El **péndulo de Foucault** ofrece una prueba de que la Tierra gira.

Péndulo de Foucault

Heinrich Schwabe afirma que las manchas solares aparecen según un ciclo de 11 años.

1868

El **helio** se descubre en la atmósfera del Sol por análisis espectroscópico de la luz solar.

1850

Se coloca el **primer cable submarino** entre Gran Bretaña y Francia.

1852

El alemán Robert Bunsen inventa el **mechero Bunsen**.

1877

Giovanni Schiaparelli dibuja un mapa de canales de Marte, alimentando el debate sobre la vida extraterrestre.

1884

Sandford Fleming convoca una conferencia en Washington DC para estandarizar zonas horarias globales.

1895

Konstantin Tsiolkovsky señala formas de llegar al espacio.

1900

Simon Newcomb mide el ángulo del eje de la Tierra con respecto al plano de la eclíptica (u órbita).

1855

Henry Bessemer inventa el alto horno, lo que ayuda a la fabricación de acero.

1859

Se inventa el **motor de combustión interna**.

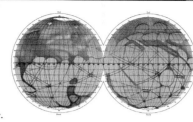

Mapa de canales marcianos de Schiaparelli

1912

Victor Hess detecta partículas cargadas exóticas en la alta atmósfera, la primera prueba de los rayos cósmicos.

1861

James Clerk Maxwell realiza la primera fotografía en color.

1864

El francés **Louis Pasteur** descubre la pasteurización.

1866

El botánico y monje austríaco **Gregor Johann Mendel** anuncia sus leyes sobre herencia genética.

1905

La teoría de la relatividad especial de **Albert Einstein** implica que la velocidad de la luz sea el límite de velocidad del universo.

1913

El **diagrama de Hertzsprung-Russell** se usa para agrupar estrellas según su tamaño, temperatura y brillo.

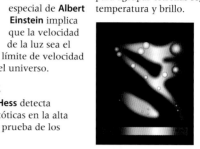

Diagrama de Hertzsprung–Russell

1876

Alexander Graham Bell patenta el teléfono.

1877-1883

Thomas Edison inventa el fonógrafo y una bombilla que funciona.

1901

Se otorgan los primeros **premios Nobel**.

Gregor Johann Mendel

1853–56

Durante la **guerra de Crimea** que enfrentó a Rusia contra Gran Bretaña y Francia, Florence Nightingale y otros reformaron la profesión de enfermería.

1861–65

La **guerra civil estadounidense** conduce al fin de la esclavitud en EE. UU.

1870

Los **estados italianos** se unen en una sola nación.

1870–71

Guerra Franco-Prusiana.

1871

Los **estados alemanes** se unen en un solo país.

Guerra franco-prusiana

1883

Erupción del volcán indonesio **Krakatoa**.

1893

Nueva Zelanda es el primer país en dar el voto a las mujeres.

1898-1900

Rebelión de los Bóxers en China.

1859

Se publica la **teoría de la evolución** de Charles Darwin en *El origen de las especies*.

1865

Se crea el **Ejército de Salvación**.

1868

El **sintoísmo** se convierte en la religión estatal de Japón.

1875

Se funda la **Sociedad Teosófica**.

1879

Se inaugura la primera **iglesia de Cristo, Científico**.

1895-188

H. G. Wells escribe las novelas de ciencia ficción *La máquina del tiempo* y *La guerra de los mundos*.

1896

El **movimiento sionista moderno** avanza con el llamado a un estado judío en Palestina.

Los primeros **Juegos Olímpicos** modernos se celebran en Grecia.

1905

Abre el **primer cine** en Pittsburgh, EE. UU.

1911

Se abre el primer **estudio de Hollywood**.

1913

El **judaísmo conservador** se organiza.

1914–16

Gustav Holst escribe la suite *Los planetas*.

Los primeros Juegos Olímpicos modernos

WILLIAM HERSCHEL

Alemania. 1738-1822. *Descubrimiento de Urano.*

El padre de Wilhelm Herschel era el líder de una banda de música en el ejército de Hannover. Cuando tuvo la edad suficiente, Wilhelm y su hermano Jacob se alistaron en la banda; Wilhelm tocaba el oboe. Sin embargo, la Batalla de Hastenback (en la que se perdió Hannover) sacó a Wilhelm de la carrera militar, y se fue a vivir a Inglaterra. Se mantuvo como profesor de música, antes de convertirse en director de orquesta en Bath. Allí, William, como era conocido, se unió a su hermana menor, Caroline Lucretia, y formaron un doblete astronómico que los elevó de apasionados aficionados a profesionales a sueldo del rey.

FRIEDRICH BESSEL

Alemania. 1784-1846. *Distancia a las estrellas con paralaje.*

La carrera de Bessel comenzó como aprendiz en el departamento de cuentas de una compañía naviera. Pronto se volvió imprescindible por su habilidad para calcular rutas para los barcos y cuando elevó esta habilidad hacia el cielo y la aplicó al movimiento del cometa Halley, se ganó un empleo en un observatorio cerca de Bremen, cuando todavía solo contaba con 16 años. 10 más tarde lo hicieron director del observatorio real de Prusia en Königsberg. En esta ciudad báltica, muchos años después, Bessel se convirtió en el primero, en dura competencia, en medir el paralaje estelar y situar las estrellas a muchos millones de kilómetros de la Tierra.

JOSEPH VON FRAUNHOFER

Alemania. 1787-1826. *Padre de la espectrometría.*

Nacido Fraunhofer pero ennoblecido con un *von* al final de su vida, este bávaro quedó huérfano a la edad de 11 años y fue aprendiz de vidriero. A los 13 años, el joven Joseph quedó enterrado vivo cuando el taller se derrumbó. El rescate fue dirigido por Maximiliano, el príncipe y elector de Baviera, quien se hizo amigo del niño, y pagó su educación posterior. Se convirtió en un maestro en la fabricación de lentes, y descubrió una forma de hacer vidrio óptico ultra transparente, libre de aberraciones de color. Esta invención dio pie al espectrómetro de Fraunhofer y otros dispositivos ópticos que iban a cambiar la cara de la astronomía.

1915

La teoría de la relatividad general de **Einstein** explica cómo el espacio y el tiempo pueden deformarse.

1916

Karl Schwarzschild la usa para predecir la existencia de agujeros negros.

1925

Edwin Hubble encuentra objetos mucho más allá del límite de nuestra galaxia, y descubre que es solo una de muchas otras galaxias en el universo.

1926

Robert Goddard lanza el primer cohete de combustible líquido, lo que hace más probable la posibilidad de un viaje espacial.

1929

Edwin Hubble descubre que las galaxias se están alejando unas de otras y que el universo se está haciendo más grande.

1930

Clyde Tombaugh descubre Plutón, designado como el noveno planeta.

1933

Subrahmanyan Chandrasekhar calcula el tamaño de una estrella para producir una supernova; **Walter Baade** y **Fritz Zwicky** proponen la existencia de estrellas de neutrones.

La medición del movimiento solar de **Jan Oort** indica que gran parte de la masa del universo es invisible, un concepto que se conoce como materia oscura.

1939

Hans Bethe explica cómo las estrellas liberan energía a través de la fusión nuclear.

1942

Wernher von Braun construye los cohetes bomba V-2 que realizan los primeros vuelos espaciales suborbitales.

Wernher von Braun

1946

Fred Hoyle y otros explican la nucleosíntesis estelar, en la que los elementos más pesados que el helio están dentro de las estrellas.

1901

El italiano **Guglielmo Marconi** realiza la primera transmisión de radio inalámbrica.

1903

Los **hermanos Wright** llevan a cabo el primer vuelo propulsado.

Los hermanos Wright

1913

Dane **Niels Bohr** publica su modelo del átomo con electrones situados en órbitas alrededor del núcleo.

1926

John Logie Baird inventa la televisión.

1928

Alexander Fleming descubre el antibiótico penicilina.

1935

Erwin Schrödinger propone el experimento teórico de «El gato de Schrödinger».

Alexander Fleming

1938

Enrico Fermi desencadena la primera reacción en cadena de fisión nuclear.

1945

Se lanzan **bombas atómicas** sobre Hiroshima y Nagasaki en Japón.

1936–39

Guerra civil Española.

1939–35

Segunda Guerra Mundial.

Segunda Guerra Mundial

1901

Aparece el **café instantáneo**, que revoluciona la hora del desayuno.

1911–12

La **Revolución China** pone fin a miles de años de la China imperial y crea una república.

1914–18

Primera Guerra Mundial.

Primera Guerra Mundial

1917

Revolución rusa.

1927–49

La **Guerra Civil China** lleva a la formación de la República Popular Comunista de China conducida por el presidente Mao.

1929

Se desencadena la **Gran Depresión** por una caída del mercado de valores en EE. UU.

1914–18

Entre los **poetas** de la **Primera Guerra Mundial** están **Siegfried Sassoon** y **Wilfred Owen**.

1920

Turquía se convierte en una nación secular. El califato musulmán, reclamado por los sultanes turcos, se abolió en 1924.

1920

Movimientos artísticos como la Bauhaus, el surrealismo o el Art Déco.

1930

Wallace Fard Muhammad funda en América la **Nación del Islam**. Entre los futuros miembros, Elijah Muhammad o Malcolm X.

Clark Gable y Vivien Leigh en
Lo que le viento se llevó

1936

Margaret Mitchell basa los personajes de su novela *Lo que el viento se llevó* en atributos de los signos del zodiaco astrológico.

Alfred Ayer publica su controvertido *Lenguaje, verdad y lógica*, rechazando muchas ideas de filosofía tradicional. Continúa promoviendo el humanismo secular.

1943

Con el lanzamiento de *Oklahoma!*, **Rodgers** y **Hammerstein** marcan el comienzo de la era dorada de los musicales de Broadway.

LÉON FOUCAULT

Francia. 1819-1868. *Demostración de la rotación de la Tierra.*

Conocido por su famoso péndulo, que ahora adorna museos y centros de ciencia en todo el mundo, Foucault también modernizó el aparato utilizado por su compatriota Hippolyte Fizeau para medir la velocidad de la luz. Las cosas podrían haber sido muy diferentes. Estaba destinado a ser médico hasta que una fobia a la sangre terminó con esa ambición. Se dirigió hacia la física, e investigó los procesos fotográficos de vanguardia en ese momento y probó en microscopía. La década de 1850 fue su década más productiva, con trabajos en electrodinámica, óptica y giroscopios.

KONSTANTIN TSIOLKOVSKI

Rusia. 1857-1935. *Impulsor de los cohetes espaciales.*

Tsiolkovski estuvo sordo la mayor parte de su vida al contraer la escarlatina cuando tenía 10 años. Esto se sumó a su propensión natural al comportamiento solitario y se quedó en casa estudiando, sobre todo los libros de la biblioteca de su padre. Enseñó matemáticas en una escuela en un pequeño pueblo al suroeste de Moscú, donde era considerado como un tipo excéntrico. Su obra es la de un hombre que pasó mucho tiempo solo pensando. Además de soñar con naves espaciales, también concibió el ascensor espacial, un dispositivo que elevaría a las personas a una plataforma en órbita alrededor de la Tierra.

KARL SCHWARZSCHILD

Alemania. 1873-1916. *Cálculo del tamaño de agujeros negros.*

Schwarzschild no era un niño normal y corriente. A los 16 años publicó un artículo sobre mecánica celeste. A los 23, recibió un doctorado por su trabajo en geometría multidimensional. Como era apropiado para esa disciplina, después de una temporada en un observatorio de Viena, Schwarzschild. Se convirtió en el director del observatorio en Gotinga, un puesto que antes ocupó Carl Gauss. Schwarzschild estaba en el frente ruso en 1915 cuando realizó el trabajo por el que hoy se le recuerda. También desarrolló una enfermedad autoinmune durante la Primera Guerra Mundial, que finalmente acabó con él.

1947

Chuck Yeager rompe la barrera del sonido con el avión cohete **Bell X-1**.

Avión cohete Bell X-1

1957

El **Sputnik 1** se convierte en el primer satélite artificial.

1960

Dos perros rusos, **Belka** y **Strelka**, se convierten en los primeros animales en orbitar la Tierra y regresar vivos a la superficie.

Joe Kittinger se lanza en paracaídas desde un globo a 31 km sobre la superficie de la Tierra, en condiciones cercanas a las del espacio exterior.

Sputnik 1

1961

Yuri Gagarin se convierte en el primer hombre en el espacio.

1962

La sonda *Mariner 2* de la NASA, que explora Venus, es el primer visitante en otro planeta.

1965

La **radiación de fondo de microondas**, un eco de radiación del Big Bang, se detecta proveniente de todo el cielo.

1967

Los primeros **púlsares**, que son estrellas de neutrones que giran a gran velocidad y emiten rayos de radiación, se descubren utilizando un radiotelescopio.

1947

Se presenta la **cámara instantánea Polaroid**.

Cámara instantánea Polaroid

1952

Se lanza el primer **avión jet** para pasajeros civiles.

1953

Francis Crick y **James Watson** encuentran la estructura y el código genético del ADN (ácido desoxirribonucleico).

1955

Jonas Salk anuncia su vacuna contra la polio.

1958

Se lanza el primer **satélite de comunicaciones**.

1962

Se patenta el **chip de silicio**.

1965

IBM presenta el primer disquete.

Avión Harrier Jump

1967

Primer **trasplante de corazón**.

1969

Se lanza el primer **VTOL**, o **avión de combate de despegue y aterrizaje vertical**, el Harrier Jump Jet.

1947

India se independiza de Gran Bretaña y se separa en India y Pakistán.

1948

Asesinato de **Mahatma Ghandi** en India.

Se funda el **estado de Israel**.

El *apartheid*, o separación racial, comienza en Sudáfrica.

1950–53

Guerra de Corea.

1953–1959

Revolución cubana, dirigida por **Fidel Castro** y el **Che Guevara**.

1955

Se funda la **Unión Europea**.

1957

Abre el **Canal de Suez**.

Che Guevara y Fidel Castro

1961

Se construye el **muro de Berlín**.

1962

Crisis de los misiles cubanos. La guerra nuclear entre EE. UU. y la URSS por el armamento de Cuba se evita por poco.

1963

Asesinato del presidente de EE. UU., **J. F. Kennedy**.

Guerra de Vietnam

1965–73

Guerra de Vietnam.

1967–75

Guerra civil camboyana

1945

El filósofo **Bertrand Russell** escribe *Historia de la filosofía occidental*.

Bertrand Russell

1954

En Corea, **Sun Myung Moon** funda la Asociación del Espíritu Santo para la Unificación del Cristianismo Mundial: los *moonies*

DÉCADAS DE 1950-60

Warhol, **Lichtenstein** y **Hockney** dan forma al arte pop.

1960

Se publica *Matar a un ruiseñor*, de **Harper Lee**.

1962

El símbolo sexual estadounidense por excelencia, **Marilyn Monroe**, muere a causa de una sobredosis de drogas.

1960

Durante la «Contracultura» en las naciones occidentales, los jóvenes comienzan a interesarse por las

Marilyn Monroe

religiones orientales, y la New Age indaga en la astrología y las cartas del tarot.

1963

La BBC estrena el programa de televisión *Doctor Who*.

1966

Se lanza la serie de televisión *Star Trek*.

ALBERT EINSTEIN

Alemania. 1879-1955. *Teoría de la relatividad.*

Se suele decir que Einstein no era muy apreciado por sus maestros, quizá porque desde pronto él siguió su propia agenda intelectual. Cuando todavía era un adolescente, Albert se quedó en Múnich para completar sus estudios, mientras sus padres buscaban trabajo en Italia; por entonces no era el alumno más atento. Su inconsistente historial académico lastró los inicios de su carrera a pesar de su obvio talento. Einstein, ya casado, empezó a trabajar como empleado de patentes en Berna, Suiza, en 1903. Un trabajo sin problemas que le proporcionó tiempo para formular sus teorías, que dos años más tarde lo impulsaron a la cima de la física.

ROBERT GODDARD

EE. UU. 1882-1945. *Cohete de combustible líquido.*

Goddard es un héroe nacional en EE. UU., tanto como para tener un centro espacial de la NASA en su honor. Pero eso no impidió que su familia demandase al gobierno por infracción de patente en 1951. Los cohetes militares de los científicos nazis tenían muchas similitudes con los primeros diseños de Goddard, según observó el propio Goddard cuando inspeccionó un V-2 capturado en 1945 meses antes de su muerte. El caso de la patente retumbó durante casi una década, en la que el difunto Goddard recibió una gran cantidad de elogios, medallas de oro honorarias y el nombre del centro espacial. Al final recibió un millón de dólares, un pago enorme para 1960, para solucionar el caso.

EDWIN HUBBLE

EE. UU. 1889-1953. *Descubrimiento del universo en expansión.*

El interés del Hubble en la ciencia y las estrellas comenzó gracias a la ciencia ficción, sobre todo por las obras de Julio Verne, uno de los primeros autores en contar historias de viajes al espacio. Destacó en atletismo, así como en matemáticas y ciencias durante su carrera universitaria. Ganó una beca Rhodes para Oxford y le dio la espalda a la ciencia, optando por una carrera corta pero infeliz como abogado. Después de servir en Francia durante la Primera Guerra Mundial, Hubble comenzó a trabajar en el Observatorio Mount Wilson, justo cuando se instalaba el Telescopio Hooker, que ofrecía a Hubble y a sus colegas la mejor vista del mundo.

Se observa el primer **estallido de rayos gamma**; son los sucesos más brillantes del universo.

1969

Misión Apolo 11: Neil Armstrong se convierte en la primera persona en caminar sobre la Luna.

1971

Salyut 1 es la primera estación espacial en órbita alrededor de la Tierra.

1975

Venera 9 es la primera nave que aterriza en otro planeta: Venus.

1976

Viking 1, primera sonda en aterrizar en Marte.

1977

Las **Voyager 1** y **2** despegan para viajar por los planetas exteriores.

1981

El transbordador Columbia de la NASA realiza su primer vuelo al espacio, y

Fotografía de la superficie de Marte de la Viking 1

se convierte en la primera nave espacial reutilizable.

1986

Giotto y otras sondas pasan volando sobre el cometa Halley en su visita más reciente a la Tierra.

Despegue del Columbia

1970

Se presentan los **videocasetes**.

1971

La **República Federal Alemana** comienza el desarrollo de la tecnología de trenes maglev (levitación magnética).

Tren Maglev

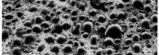

Ampliación de la superficie de una nota pósit

1974

Arthur Fry inventa las **notas pósit**.

Se presentan las **impresoras láser** para ordenador.

Paul Berg organiza directrices internacionales sobre ingeniería genética.

1976

El jet supersónico **Concorde** inicia sus vuelos.

Richard Dawkins sostiene que los genes impulsan la evolución.

1977

Se inventa la **resonancia magnética**.

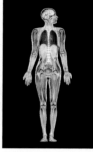

Imagen de resonancia magnética

1983

Se lanza al público el primer **teléfono móvil**.

1984

Se identifica el virus del **SIDA**.

1988

Stephen Hawking publica *Una breve historia del tiempo*, popularizando la física y la cosmología.

1968

El senador estadounidense **Robert Kennedy** es asesinado.

1972

Los terroristas palestinos de «Septiembre Negro» secuestran y matan a atletas israelíes en los Juegos Olímpicos de Múnich.

1974

El **presidente de EE. UU., Nixon**, renuncia por el «Watergate».

Muhammad Ali se convierte en campeón mundial de boxeo de peso pesado al noquear a George Foreman en Zaire, África.

1979

EE. UU. y la **República Popular de China** firman su primer acuerdo diplomático.

Renuncia del presidente Nixon

Margaret Thatcher se convierte en la primera mujer primera ministra de Gran Bretaña.

1979–1989

Rusia invade Afganistán.

1980

En este momento, todos los países productores de petróleo de Oriente Medio han aumentado al menos un 50 % sus ingresos por petróleo, y de pronto se vuelven ricos.

1986–87

El **primer ministro soviético, Mijail Gorbachov**, anuncia la *glasnost* y la *perestroika*: reformas liberales y económicas.

1989–90

El **Muro de Berlín** cae y Alemania se reunifica.

Muro de Berlín

1968

El líder de los Derechos Civiles de EE. UU. **Martin Luther King** es asesinado.

En la **encíclica papal** *Humanae Vitae*, la iglesia católica confirma su prohibición de la anticoncepción y el aborto.

Martin Luther King

1972

Se ordena la primera **mujer rabino** de EE. UU.

1973

Se ordenan las primeras **mujeres sacerdotes** en la iglesia anglicana estadounidense.

1977

Se estrena la primera película de *La guerra de las galaxias*.

1978

Una **biblia** impresa por **Gutenberg** se subasta por dos millones de dólares.

1980

La **música rap** se hace famosa.

1985

Los conciertos de **Live Aid** en Londres y Filadelfia recaudan millones para ayudar a aliviar la hambruna devastadora en Etiopía.

1987

Primer episodio de la serie de dibujos animados *Los Simpson*.

Se estrena la película *Dirty Dancing*.

1989

El **ayatolá Jomeini** ordena una fatua o juicio religioso contra el autor Salman Rushdie.

Primer juicio por liberar un **virus informático**.

FRITZ ZWICKY

Bulgaria. 1898-1974. *Materia oscura y supernovas.*

Zwicky, mitad suizo, mitad checo, nacido en Bulgaria, pasó la mayor parte de su vida en California. Se casó con la hija de un rico senador, y el dinero de su esposa aseguró el buen funcionamiento del observatorio de Caltech en las montañas Palomar. Zwicky pudo instalar allí uno de los primeros telescopios Schmidt en la década de 1930. El telescopio ayudó en la búsqueda de las primeras supernovas. Fuera de la astronomía, Zwicky trabajó en los primeros motores a reacción y cohetes. Se dice que uno de sus experimentos lanzó (por accidente) una esquirla de metal a la primera órbita solar.

CLYDE TOMBAUGH

EE. UU. 1906-1997. *Descubrimiento de Plutón.*

La familia de Tombaugh, agricultores, no podía permitirse enviarlo a la universidad, y el joven Clyde hizo sus propios telescopios, lentes pulidas y espejos según sus propias ideas. Envió los dibujos que hizo al Observatorio Lowell, y tan impresionantes fueron que le ofrecieron un trabajo allí. Además de Plutón, Tombaugh descubrió varios asteroides. Durante la Segunda Guerra Mundial enseñó navegación en un colegio naval. Trabajó en la orientación de cohetes en la década de 1950, antes de enfocar su carrera como profesor de astronomía en la Universidad Estatal de Nuevo México.

HANS BETHE

Alemania. 1906-2005. *Explicación del proceso de fusión solar.*

Las raíces judías de Hans Bethe lo obligaron a huir de Alemania en 1933. Después de un par de años en las universidades inglesas, se mudó a Cornell, en Nueva York. Fue aquí donde él y sus colegas contribuyeron a la comprensión de la fusión solar en 1939. Durante la guerra, Bethe fue una de las muchas grandes mentes que trabajaron para conseguir la fisión. Después de que la Guerra de Corea llevase al mundo al borde del conflicto nuclear una vez más, Bethe dirigió el proyecto para construir un arma termonuclear decisiva, o bomba H, que aprovechó el poder de la fusión para crear las mayores explosiones de la historia.

1987
SN 1987A es la primera supernova que presencian los astrónomos contemporáneos.

1990
El **orbitador de Magallanes** hace un mapa detallado de la superficie de Venus, casi siempre oculta a la vista.

Se lanza el **telescopio espacial Hubble**.

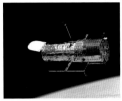

Telescopio Espacial Hubble

1992
El **Cosmic Background Explorer** encuentra anomalías en la temperatura del universo.

1994
La **sonda Galileo**, en su camino hacia Júpiter, toma fotos del cometa Shoemaker Levy 9, y colisiona con el planeta gigante.

1998
Se observa que la **expansión del universo** se acelera, lo que indica una fuerza nueva, aún desconocida, llamada «energía oscura».

Se lanza el primer módulo de la **Estación Espacial Internacional**, la nave espacial más grande de la historia.

2000
Los científicos **Peter Ward** y **Donald Brownlee** proponen la **Hipótesis de la Tierra Especial**, que dice que las formas de vida complejas de la Tierra son el producto de varios factores, y la probabilidad de que se repitan en otras partes del universo es muy poca.

2001
Near Earth Asteroid Rendezvous (NEAR) Shoemaker aterriza en Eros, el primer aterrizaje en un asteroide.

2003
China es el tercer país del mundo en enviar un astronauta al espacio.

2004
La **sonda Huygens** encuentra lagos de gasolina en Titán, la luna más grande de Saturno.

Los exploradores **Spirit** y **Opportunity** llegan a Marte.

1989
Tim Berners-Lee desarrolla la World Wide Web.

1995
50 millones de personas en todo el mundo usan Internet.

1995
El matemático inglés **Andrew Wiles** demuestra el último teorema de Fermat.

1999
Se utilizan os primeros **emojis** en Japón.

2000
Se descifra el código genético humano.

450 millones de personas en todo el mundo usan Internet.

2003
Último vuelo del jet supersónico **Concorde**.

2005
El primer **trasplante facial parcial** del mundo se realiza en Francia.

Código genético humano

2008
Se crea una **cámara médica** del tamaño de una píldora que se puede tragar.

2010
Se lanza el **iPad de Apple**.

1989
Termina oficialmente la **Guerra Fría**.

1990
El líder anti-apartheid, **Nelson Mandela**, es liberado de su prisión en Sudáfrica tras 27 años.

1990–91
Desintegración de la Unión Soviética.

1990–94
Guerra Civil de Ruanda.

1991
Primera Guerra del Golfo. Una fuerza internacional libera a Kuwait de la invasión iraquí de Saddam Hussein.

1991–2001
Guerra civil yugoslava.

1994
Se abre el **Eurotúnel**, que une Gran Bretaña y Francia.

1997
La **gripe aviar** lleva el pánico por el mundo.

2001
11 de septiembre: ataque terrorista contra las torres gemelas del World Trade Center de Nueva York, y contra el Pentágono, en Washington DC.

2003
Segunda Guerra del Golfo. EE. UU. lidera la invasión de Irak, que derriba a Saddam Hussein.

Terremoto en el Océano Índico: el maremoto mata a unas 200 000 personas en 11 países con costas en el Océano Índico.

Los **rebeldes chechenos** retienen como rehenes a cientos de escolares en Beslan, Rusia. Muchos mueren durante el rescate.

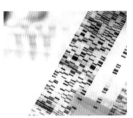

Banda Aceh, en Sumatra (Indonesia), tras el maremoto

Torre de Pisa

DÉCADA DE 1990
Los videojuegos se popularizan con el lanzamiento de **gráficos 3D** y dispositivos portátiles.

1990
La **torre inclinada de Pisa** se cierra al público por cuestiones de seguridad.

1993
Se estrena la película *Jurassic Park*, con imágenes innovadoras generadas por computadora y efectos animatrónicos.

1994
Se descubre en Francia la **cueva Chauvet**, con pinturas prehistóricas.

2000
Se prepara el primer **libro electrónico** para el consumo, *Riding the Bullet* de **Stephen King**.

2001
Se estrenan las primeras películas de dos de las series de ficción más vendidas (*Harry Potter* y *El señor de los anillos*).

2002
La **Biblioteca Alexandrina**, la Nueva Biblioteca de Alejandría, abre en Egipto.

2003
Abre la tienda de música online **Apple iTunes**, que vende más de un millón de canciones durante la primera semana.

2004
Se anuncian los detalles de un ancestro humano único y pequeño el *Homo floresiensis*, que vivía en la isla indonesia de **Flores**.

Roban la pintura **El grito** de Edvard Munch de un museo en Oslo (Noruega), junto con otras imágenes.

Se funda el sitio de Internet de redes sociales **Facebook**.

SUBRAHMANYAN CHANDRASEKHAR

India. 1910-1995. *Cálculo de la masa mínima de supernovas.*

El nombre Chandrasekhar está vinculado para siempre con el límite de Chandrasekhar, la masa mínima que debe tener una estrella para formar una supernova. Irónicamente, su nombre se deriva del sánscrito para el «poseedor de la Luna». Chandrasekhar pasó su juventud estudiando en la India antes de obtener una beca de posgrado en Cambridge. En el viaje a este puesto hizo su famoso avance. Chandrasekhar ganó el Premio Nobel de física en 1984 y el telescopio orbital Chandra X-Ray Telescope lleva su nombre.

FRED HOYLE

Reino Unido. 1915-2001. *Descubrimiento de la nucleosíntesis.*

Fred Hoyle fue uno de los primeros divulgadores de la astronomía para el gran público. Como comunicador natural, hizo apariciones frecuentes en radio y televisión a medida que él y sus teorías salían a la fama. Era conocido en su Inglaterra natal por no perder nunca su acento rural de Yorkshire mientras hablaba sobre temas de gran calado. Se suele recordar a Hoyle como un oponente del Big Bang; prefería una teoría del estado estacionario, que desarrolló con dos colegas que conoció mientras construía radares durante la Segunda Guerra Mundial. Sin embargo, su mayor contribución fue explicar la formación de átomos dentro de las estrellas.

CARL SAGAN

EE. UU. 1934-1996. *Diseñador de sondas y divulgador.*

Carl Sagan fue el principal divulgador de la astronomía de su generación. Respaldada por un pasado académico y por su trabajo en la NASA, Sagan se convirtió en un personaje televisivo, autor de ciencia popular y activista contra las armas nucleares. Su serie *Cosmos*, emitida en 1980, interesó a toda una generación en teorías de la astronomía y cosmología. Más tarde impulsó el programa SETI, la búsqueda de inteligencia extraterrestre, y se esforzó en resaltar el resultado de una guerra atómica, y acuñó la frase «invierno nuclear» para describir los padecimientos posteriores al conflicto.

2006
Plutón y **Ceres** se reclasifican como planetas enanos junto con varios cuerpos grandes encontrados en el cinturón de Kuiper.

2009
El explorador **Spirit** se queda atascado en la arena y deja de funcionar 10 meses después.

Mercurio

2011
La **sonda Messenger** se convierte en la primera en entrar en órbita alrededor de Mercurio.

El **telescopio espacial Kepler** encuentra cientos de nuevos planetas, muchos de ellos, cuerpos similares a la Tierra.

2012
Un estudio estima que el **número de planetas** en el universo es mayor que el número de estrellas.

El explorador nuclear **Curiosity** baja a la superficie de Marte desde un cohete con grúa aérea.

2014
La sonda **Rosetta** de la ESA entra en órbita alrededor del cometa 67P. Deja caer un módulo de aterrizaje, Philae, a la superficie y vigila el cometa durante casi dos años según se acerca al Sol.

2015
La sonda **New Horizons** de la NASA vuela más allá de Plutón y Caronte para dar una visión de cerca de estos mundos de hielo por primera vez.

2016
El **experimento LIGO** en EE. UU. detecta las ondas gravitatorias creadas por dos agujeros negros en colisión. Las ondas fueron predichas por la teoría de la relatividad de Einstein un siglo antes.

2017
Después de 13 años orbitando Saturno, la **sonda Cassini** vuela a la atmósfera del gigante de gas, y envía datos hasta que se destruye.

2018
ExoMars Trace Gas Orbiter comienza a buscar en la atmósfera de Marte pequeñas cantidades de metano y otros gases que suelen constituir las formas de vida.

Una tormenta de polvo cubre toda la superficie de Marte obligando a la sonda **Opportunity** a entrar en un modo de ahorro de energía de emergencia.

2019
La sonda **New Horizons** se encuentra con Ultima Thule, un objeto del cinturón de Kuiper.

2011
Más de **2 000 millones de personas** en todo el mundo usan ya Internet.

2012
Se identifica la partícula del **bosón de Higgs**.

2016
Científicos islandeses crean la «**captura de carbono**»: bloquear las emisiones de carbono en las rocas para evitar el efecto invernadero.

2017
Los investigadores descubren que el **chocolate** podría reducir el riesgo de una afección cardíaca potencialmente mortal.

2018
Más de **4 000 millones de personas** en todo el mundo usan ya Internet.

Se inventa un **análisis de sangre** para la detección temprana de ocho cánceres.

2005
Bombas terroristas en Londres.

2009
Barack Obama se convierte en el primer presidente afroamericano de EE. UU.

2010
El **tráfico aéreo** de toda Europa se queda en tierra por la ceniza de un volcán en Islandia.

La plataforma petrolera **Deepwater Horizon** explota, y derrama petróleo en el Golfo de México.

Comienza la **Primavera Árabe**.

Un **terremoto en Haití** mata a más de 230 000 personas y destruye gran parte del país.

Rescate de **33 mineros chilenos** después de 69 días atrapados bajo tierra.

2011
Un **terremoto** y el posterior **tsunami** matan a unas 16 000 personas en Japón y amenazan la planta nuclear de Fukushima.

El líder talibán **Osama bin Laden** es asesinado por las fuerzas estadounidenses.

Osama bin Laden

La población mundial alcanza los **7 000 mil millones**.

Un **levantamiento popular** en Siria conduce a una guerra civil.

2014
Comienza la epidemia del **virus del Ébola** en África occidental.

Cerca de **276 niñas y mujeres** son secuestradas de la escuela por un grupo terrorista en Nigeria.

2015
El **pueblo rohingya** huye de la persecución en Myanmar.

2016
Gran Bretaña vota abandonar la UE.

2017
Se descubre que la vida marina en el **océano Pacífico** está contaminada con plástico a 11 km de profundidad.

Donald Trump se convierte en el 45.º presidente de EE. UU., el primero no político desde Dwight D. Eisenhower.

2018
Las mujeres en Arabia Saudí pueden por fin conducir vehículos por su cuenta.

La población mundial es de **7 600 millones**.

2010
Se inaugura el edificio más alto del mundo: **Burj Khalifa** en Dubai, Emiratos Árabes Unidos.

2012
Se inaugura **Tokyo Skytree**, la torre más alta del mundo.

Burj Khalifa

Se descubre un cuento de hadas inédito del autor danés **Hans Christian Andersen**.

2016
Un grabado de **Alberto Durero**, *María con el Niño Jesús*, perdido durante la Segunda Guerra Mundial, se descubre en un mercadillo.

2017
Se encuentran en un pozo fangoso de un suburbio de El Cairo dos enormes estatuas de **antiguos faraones**, una de más de 8 m de altura.

2017
Salvator Mundi, de **Leonardo da Vinci**, se vende en una subasta por un récord de 450,3 millones de dólares.

Salvator Mundi, de Leonardo da Vinci

STEPHEN HAWKING
Reino Unido. 1942-2018. *Radiación en los agujeros negros.*

Desde una silla de ruedas, debido a una enfermedad nerviosa que también le robó el habla natural, Stephen Hawking se ha convertido en un icono científico casi al nivel de Albert Einstein. Fue célebre en todo el mundo como el cerebro que hablaba a través de un ordenador. Su contribución a la astronomía es el descubrimiento, en 1974, de que incluso los agujeros negros irradian energía. Las partículas virtuales de materia y antimateria existen en todas partes, formándose sin cesar y luego aniquilándose entre sí. En el horizonte de eventos de un agujero negro, estos pares se separan en el instante de su formación, y uno se libera del agujero en forma de «radiación de Hawking».

JOCELYN BELL BURNELL
Reino Unido. 1943. *Descubrimiento de los púlsares.*

Bell Burnell, solo Bell por entonces, hizo su descubrimiento sobre los púlsares mientras aún hacía el doctorado en la Universidad de Cambridge. Trabajaba en estrecha colaboración con Antony Hewish en la instalación de un radiotelescopio y fue su análisis de datos lo que condujo al avance. Pero cuando Hewish recibió el premio Nobel en 1974, Bell Burnell no fue honrada de la misma manera (como sucedía antes con los estudiantes). Sin embargo, ha obtenido grandes elogios desde entonces y ha seguido una ilustre carrera académica en todo el mundo. En 2007, la reina británica le otorgó el título de Dama Jocelyn.

MIKE BROWN
EE. UU. 1965. *Cazador de planetas enanos.*

Quizás no sea aún un nombre que suene en el salón de la fama de la astronomía, pero Mike Brown ha liderado las iniciativas para encontrar objetos más allá de Neptuno y los ha encontrado más que ningún otro. Un TNO es cualquier cosa que orbita más allá del último planeta, y ahí se incluye a Plutón, pero también abarca objetos que existen más lejos del Cinturón de Kuiper. El equipo de Brown ha registrado 14 TNO en los últimos 10 años, entre ellos Eris, el planeta enano más grande, y Sedna, que se cree que es el primer objeto visto en la Nube de Oort. El trabajo de Brown condujo a la reclasificación de Plutón en 2006.